日本媽媽的
超省錢肉料理

主婦の友社 / 著

節約できる！　おいしさまみれの肉のベストおかず３０６

Contents

雞肉
料理

雞胸肉 13

豬肉料理

雞絞肉 ⋯⋯⋯⋯⋯⋯⋯⋯⋯ 157

牛豬綜合絞肉 ⋯⋯⋯⋯⋯ 163

牛絞肉 ⋯⋯⋯⋯⋯⋯⋯⋯⋯ 173

肉類
加工品

加工肉 ⋯⋯⋯⋯⋯⋯⋯⋯⋯ 177

種類相當豐富的肉類食譜

吃得津津有味！

您是否因為總價便宜而買了大分量盒裝肉，或是趁打折時一次買齊，
卻又因為吃不完而冰在冰箱，還是不曉得該怎麼買肉呢？只要了解冷凍保存的重點，
就能活用依分量來分門別類的豐富食譜並餐餐完食了。

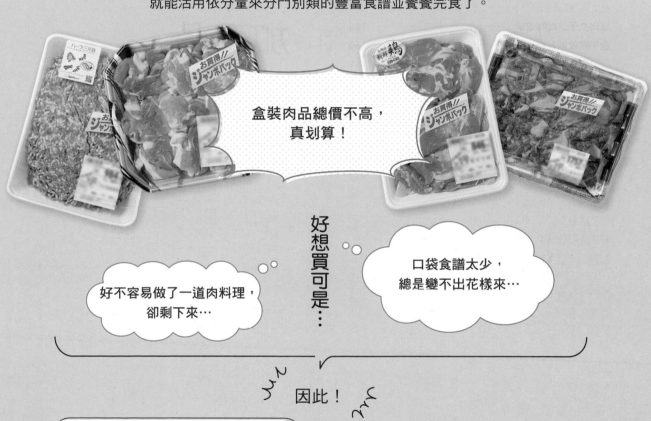

盒裝肉品總價不高，
真划算！

好想買可是…

好不容易做了一道肉料理，
卻剩下來…

口袋食譜太少，
總是變不出花樣來…

因此！

了解冷凍保存和解凍祕訣！

P8～

按肉的種類別・分量別的
美味食譜來做，
就能盤底朝天啦！

P13～

7

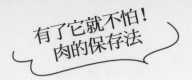

有了它就不怕！
肉的保存法

完食美味盒裝肉

冷凍保存的基本

最理想的是不失鮮度與味道、快速且方便使用的狀態下冷凍，
本書整理了實踐完美冷凍的祕訣。

只要照著
做就不怕
失敗

【 冷凍保存六法 】

冷凍前多一道手續能保存美味是理所當然的，
但冷凍後能方便使用會更好。

① 趁新鮮就冷凍

肉類等生鮮食品即使冷藏保存，但冰久了鮮度還是會流失。要是冰了幾天才拿去冷凍，鮮度流失就是流失了。為了維持其美味度，買回家後就要盡快分裝處理再冷凍起來！

② 去除多餘水分

食材上多餘的水分沒有除掉就冷凍，不僅會結霜也是造成美味流失的原因，而且食材本身結在一起也很難進行料理。將血水連同水分等導致腐壞的原因一起去除掉，就能美味地冷凍了。

③ 盡可能切薄片，且厚薄要均一

冷凍保存的成功關鍵在於結凍的時間以及解凍的時間要短。例如有厚度的雞肉、豬五花等肉類要切厚薄均一的薄片，冷凍得快也能均勻地解凍。

在保鮮袋上標示肉的種類、部位、狀態（切法等）、日期，便可以很快地拿取所需的肉，也能幫助自己隨時留心在保存期限內用完。

④ 分小包裝以方便使用

以一次用完的分量分裝冷凍，要用的時候就可以很快地從冰箱拿出來，解凍時間最短，也不會因為解凍用到用不到的部分而造成浪費。請100g、200g等容易使用的分量分裝冷凍吧！特賣時一次買齊或是買大包裝，只要冷凍保存起來，節約效果也超棒！

⑤ 盡量壓出空氣

食材一但接觸到空氣就容易結霜，細菌也容易繁殖。脂肪氧化就會使味道走樣。將肉類放進保鮮袋後盡可能攤平，並用手將裡面的空氣壓出來後再封口冷凍。

⑥ 放在盤子裡一起冷凍

食材在完全冷凍前的時間越短，越能保持其鮮美度。因為金屬製淺盤的熱傳導率高，食材放上去再一起放進冷凍室便能快速冷凍。等完全冷凍後再把盤子拿出來將肉裝袋就行了。

依照狀態使用不同方法

解凍的基本

說解凍方法會左右肉質的美味程度一點也不為過！
這裡將介紹必須知道的解凍祕訣。

\\ 推薦NO.1 //
冷藏室自然解凍

雖然會花一些時間，但低溫慢慢地解凍生肉的優點就是血水少、也不易流失其美味。解凍時，保鮮袋外面會有水珠出現，因此，請先放在盤子後再一起移入冷藏室。

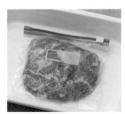

放在室溫3～4小時就能解凍。不過依肉的厚度和內容物會有時間差，如果是半解凍，原則上需要1～2小時。但若遇到梅雨季或酷暑時期，放在室溫解凍反而容易腐壞，要避免！

\\ 急著料理時 //
微波爐解凍

想立刻料理或是想稍微加熱時。解凍冷凍生肉時，為避免過度加熱，請將時間設定短一點，邊看解凍情況邊解凍吧。也可以利用微波爐的解凍功能。

\\ 提早一點 //
活水解凍

連同保鮮袋一起放在有水的碗裡解凍。最好是不時地翻面、換水。優點是能比冷藏室解凍來得更加快一點。

半解凍到什麼程度？

●能用手掰開的程度
●能用菜刀切開的硬度

外面已經解凍，但裡面還是冰硬的狀態。放在冷藏室、用流動的水、微波爐的解凍功能等任何一種解凍方法都OK。能用手掰開、用菜刀切就行了。

雞肉等肉質較軟的肉類，在半解凍狀態下會比較好分切。

解凍後
再冷凍，NG！

凡是解凍過，美味、水分、味道都會流失。再加上接觸到空氣，細菌更容易繁殖。因此，就衛生方面來說，不建議解凍後再冷凍。

肉的種類

小包裝冷凍法

肉類&加工肉的冷凍保存須依肉的種類、部位來冷凍才是美味的祕訣，
這裡將介紹保持美味、鮮度及許多容易使用的方法。

雞肉

雞胸肉、雞腿肉

各一塊

切掉多餘的脂肪，用保鮮膜分別各包
起一塊。接著放進保鮮袋，用手壓出
空氣後再封袋口。

黃色脂肪就是導
致腐壞的元凶，
須去除。熱量減
了，不好的口感
和雜味也沒了。

橫著片開

擦去水分、切掉多餘的脂肪，從厚的
地方橫著片開再放進保鮮袋冷凍。

切一口大小

切掉多餘的脂肪後再切一口大小。放
進保鮮袋時請勿疊放，用手壓出空氣
後再封袋口。

雞柳

去筋

擦去水分、去
筋。用保鮮膜一
條一條包起來再
放進保鮮袋。

用菜刀刀背去筋
（P.65），或是用廚
房剪刀沿著筋膜兩側
切。

橫著片開

擦去水分、去筋。斜拿菜刀從中間切
開。用保鮮膜一條一條包起來再放進
保鮮袋。

雞翅

劃一刀但不切斷

沖洗後擦去水分，切掉前端的部分。
在肉與骨之間劃一刀但不切斷，然後
放進保鮮袋（翅小腿直接放保鮮
袋）。切下來的前端可另外冷凍，也
可拿來煮湯。

劃刀再煮會比較
快熟，骨、肉也
比較容易分離。

豬肉和牛肉

豬・牛邊角肉

各一份的量

分容易使用的量，攤平後先用保鮮膜包
起來再放進保鮮袋。

因為接觸到空氣
就容易氧化，用
保鮮膜包的時候
儘量平貼著肉包
起來。

雞皮

一片一片地攤平

一片一片地攤平後先用保鮮膜包起來
再放進保鮮袋。壓出空氣後再封口。

因為雞皮薄，不用
先退冰，只要用廚
房剪刀剪符合料理
的大小就可以直接
下鍋了。

豬・牛薄片

攤平

將容易使用的分量攤平並在保鮮膜上排整齊，平貼著肉包起來再放進保鮮袋。

攤平冷凍即使沒解凍也能用菜刀切，從冰箱取出馬上就能用。

對半切

像是豬五花薄片等一片長條形的肉，可先對半切再冷凍（或是配合要做的料理再對半切也行）。先用保鮮膜將以每次容易使用的分量平貼著肉包起來後再放進保鮮袋。

厚片肉

切斷筋膜

為避免加熱後肉收縮或是彎曲變形，要先切斷筋膜後再冷凍。

豬・牛肉塊

切容易使用的大小

〔煎炒用〕　〔燜滷用〕

〔咖哩&燉煮用〕

煎炒用的肉切1公分厚左右，一塊一塊分別用保鮮膜包起來。燜滷用的切大塊。咖哩&燉煮用的切一口大小。放進各自的保鮮袋時請勿疊放，用手壓出空氣後再封口。

〔切塊〕

切小塊後直接冷凍，或是依喜好撒點鹽、胡椒預先調味，做炒飯等都很好用。

加工肉

火腿、培根

各一塊

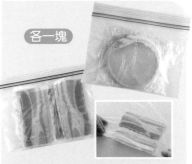

拿一片放在切長一點的保鮮膜的一端，連同保鮮膜一起翻一次面，接著再放另一片。一片接著一片包，取用時不必剪開保鮮膜，食材也不會黏在一起。

切容易食用的大小

培根切容易使用的大小（約1～2公分）。分小份並盡量攤平，平貼著培根包起來再放進保鮮袋。

絞肉

各一份的量

分容易使用的分量，盡量攤平並用保鮮膜包起來後再放進保鮮袋。用手壓出空氣後再封口。

壓成格子狀

放進保鮮袋後攤平，再用筷子壓出容易使用分量的格子狀，冷凍狀態下就可掰開使用。

如果壓不出格子狀時，先放進冷藏室冰一下會比較容易壓成格子狀。

香腸

每根都劃一刀

為避免料理時彎曲、爆開，每根都先劃一刀再放進保鮮袋，在袋內要攤平不堆疊。

切薄片

切斜薄片放進保鮮袋內並盡可能地攤平。

【 本書的使用方法 】

挑選鮮度佳的肉類的方法
介紹挑選肉類的重點。

營養特徵
介紹此肉所含的豐富營養成分及食用後可期待的效果。但效果因人而異，並非百分之百都能獲其效果。

調理祕訣
介紹調理的好吃祕訣。

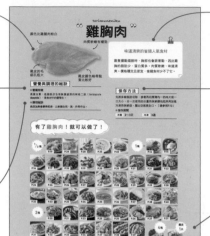

部位特徵
揭露肉的部位的特徵。

保存方法
冷藏、冷凍的保存方法與保存天數。保存狀態不同保存天數也會不同，此為基本天數。詳細保存方法請參考P.8～11。

使用分量別的料理索引
標示料理時使用分量別的頁數。輕輕鬆鬆就能選擇想做的分量的料理。

料理類別
標示此料理的「健康」「下飯」「快速」「便宜」「常備」等特徵。

索引
標示此頁數的料理所使用的主食材。

使用量
標示此料理使用的肉量。

粗體字・標記
標示為使此料理更好吃，調理時的小祕訣和工夫。

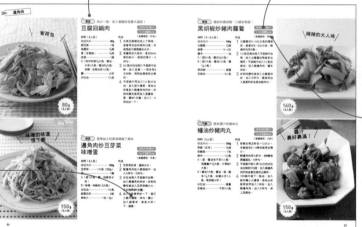

調理時間
調理時間是指從準備到完成料理所需的最短時間。但不包括清洗蔬菜的時間、浸泡乾料的時間、醃漬材料的時間、秤調味料、放涼等時間。不過還是會因人而異，此為基本時間。

熱量
標示每道料理一人份的熱量。若材料為2～3人份，就是以1/3計算出的數值。

本書的規則與注意點

● 計量單位的一大匙＝15ml，一小匙＝5ml。米則是用電鍋附的米杯一杯180ml的容量。
● 調味料的分量標示「少許」則是用大拇指和食指一撮的量。
● 平底鍋原則上是用鐵氟龍加工的鍋子。
● 蔬菜類若沒特別指定，皆為清洗完、削皮、去蒂頭之後的順序做說明。
● 高湯是指用昆布、柴魚片、小魚乾等做成的和風高湯。使用市售高湯時，請依包裝標示使用。此外，市售高湯因含有鹽分，調味時務必嚐嚐看。
● 高湯塊、高湯粉是指西式高湯，雞湯塊（或粉）是指中式高湯。
● 若沒特別指定調味料，醬油用的是濃口醬油，砂糖是上白糖。
● 冷藏、冷凍保存期為基本天數。使用的冰箱、食材會因環境而異。
● 微波爐加熱時間則視食譜而定，標示500W或600W。但無論是哪一種機型，加熱時間多少都會有些差別，微波時請邊觀察食材邊加減時間。
● 烤箱的加熱時間以1000W為基準。

●微波爐加熱時間

500W	600W	700W
35秒	30秒	25秒
1分10秒	1分	50秒
2分20秒	2分	1分40秒
3分30秒	3分	2分30秒
4分40秒	4分	3分20秒
5分50秒	5分	4分10秒
7分	6分	5分
8分10秒	7分	5分50秒
9分20秒	8分	6分40秒
11分40秒	10分	8分20秒

torimuneniku

"雞胸肉"

顏色比雞腿肉粉白

肉質軟嫩有嚼勁

雞皮的毛
細孔粗大

雞皮顏色略帶點
黃比較好

味道清爽的省錢人氣食材

雞隻擺動翅膀時，胸部也會跟著動，因此雞胸的脂肪少、蛋白質多。肉質軟嫩、味道清爽。價格穩定且便宜，省錢食材少不了它。

營養與調理的祕訣

● 營養特徵
高蛋白質、低脂肪及含有恢復疲勞的咪唑二肽（Imidazole dipeptide），是食材中的優等生。

● 調理祕訣
過度加熱會變得乾柴，比較適合煎、蒸、炸等作法。

保存方法

先將多餘脂肪切除，接著再切厚薄均一的肉片或一口大小，分一次使用的分量用保鮮膜包起來再放進冷凍用保鮮袋，壓出空氣後封口。（請參照P.10）

● 保存期間

| 冷藏 | 2～3天 | 冷凍 | 3週 |

有了雞胸肉！就可以做了！

1/2塊　P.19　P.24　P.28　P.35　P.40　1塊　P.14　P.15

P.16　P.17　P.18　P.19　P.20　P.20　P.21　P.21　P.22

P.24　P.26　P.26　P.27　P.27　P.28　P.29　P.29　P.30

P.32　P.33　P.33　P.34　P.35　P.36　P.37　P.38　P.40

2塊　P.20　P.21　P.23　P.25　P.25　P.26　P.27　P.31

P.31　P.32　P.33　P.34　P.37　P.38　P.39　4塊　P.39　雞皮1片　P.22

健康　濕潤口感的雞胸肉淋上勾芡的甜辣醬汁，超讚！

照燒雞肉

調理時間 **15**分
1人份 **373** kcal

材料（2人份）

雞胸肉	**1**塊
鹽	1/4小匙
低筋麵粉	1大匙
A〔醬油、味醂各2大匙、酒1小匙、砂糖1小匙〕	
沙拉油	2小匙
萵苣	適量
番茄（切月牙形）	半顆
美乃滋	1大匙

作法　　　　　　（食譜提供：牛尾）

1 雞胸肉從厚的地方切開切對半。撒上鹽巴和**低筋麵粉**。

2 沙拉油倒進平底鍋中加熱，油熱後將**1**的雞皮朝下放入。以中火煎3分鐘後上下翻面再煎3分鐘，煎到表面金黃。然後再**加入A**，拿起鍋子搖一搖，煮到收汁。

3 切容易入口大小，盛盤，再擺上萵苣、番茄、美乃滋即完成。

1塊
（2人份）

也很適合
照燒！

豐盛的夏天蔬菜

（下飯）滿滿的青椒和雞胸肉的東南亞風味

打拋雞飯

調理時間 **15** 分

1人份 **698** kcal

材料（2人份）

雞胸肉	**1塊**
青椒	3顆
紅椒	2顆
洋蔥	1/2顆
羅勒菜	10片

A〔薑泥5g，1/2瓣蒜磨蒜泥，
　豆瓣醬1/2小匙，蠔油、魚
　露、酒各2小匙，砂糖1小
　匙，鹽1/5小匙〕

現榨檸檬汁	1大匙
沙拉油	1大匙
荷包蛋	2個
熱飯	適量

作法

（食譜提供：藤井）

1. 雞胸肉切0.7～0.8公分厚。青椒、紅椒縱切對半去蒂頭後再直切1公分寬。洋蔥切0.5公分厚的弧形。

2. 將**A**倒入調理碗中，放入雞肉，**均勻地抓捏後靜置10分鐘**。

3. 沙拉油倒入平底鍋中加熱，油熱後先炒洋蔥。洋蔥炒軟後放入瀝掉醬汁的**2**的雞肉一起拌炒。肉熟了後再放入青椒、紅椒、羅勒菜一起炒一下，然後再倒入**2**的醬汁、檸檬汁再炒。

4. 將熱飯盛入盤中，淋上**3**，再放上荷包蛋。

1塊
（2人份）

下飯 用雞胸肉做高級中華料理！令人驚艷地好吃

乾燒雞胸肉

調理時間 **15** 分

1人份 **404** kcal

材料（2人份）

雞胸肉	**1大塊**
洋蔥	1/2顆
薑	10g
蒜頭	1瓣
鹽、胡椒	各少許
片栗粉	1大匙
豆瓣醬	1/2～1小匙

A〔番茄醬、水各3大匙，醬
油、砂糖各2小匙，酒1大
匙，雞湯粉1小匙〕

B〔片栗粉、水各1大匙〕

芝麻油 2小匙
萵苣 1/3顆（100g）

作法

（食譜提供：牛尾）

1 雞胸肉切一口大小，撒上鹽、胡椒、**片栗粉**抓
匀。**煮一鍋沸水，將雞胸肉燙3分鐘**，把水倒掉。

2 洋蔥、薑、蒜頭切末。將**A**拌匀。

3 芝麻油倒入平底鍋加熱，油熱後再倒入豆瓣醬、
洋蔥、薑、蒜頭拌炒。炒到香味出來後加入**A**、
雞胸肉拌炒入味。**繞圈倒入勾芡**。

4 萵苣切0.5公分寬細絲後鋪在盤底，將**3**放在萵苣
絲上即可。

多汁&軟嫩！

1塊
（2人份）

酸酸甜甜的！

1塊
（2人份）

下飯　蜂蜜檸檬沾醬新滋味！

炸雞胸肉塊佐檸檬沾醬

調理時間 **20**分

1人份 **405**kcal

（食譜提供：牛尾）

材料（2人份）

雞胸肉…………**1大塊（300g）**

A〔鹽1/3小匙、胡椒少許，蒜泥1小匙，醬油1/2小匙〕

低筋麵粉、片栗粉……各2大匙

B〔味醂2大匙，檸檬汁2小匙，蜂蜜1小匙，鹽一撮〕

油炸用油………………… 適量

荷蘭芹………………… 適量

作法

1 雞胸肉切一口大小，用**A**抓勻靜置15分鐘。

2 將**B**的味醂倒入小鍋中加熱，一沸騰就關火，再將其他的**B**倒入拌勻。

3 低筋麵粉、片栗粉拌勻後撒在**1**上面。**炸油慢慢加熱**，加熱到160度後再放入**雞胸肉炸7分鐘**。

4 瀝油，盛入盤中，旁邊放上荷蘭芹。淋上**2**就可享用。

17

高級雞胸肉料理！

1塊
（2人份）

下飯　即使加入鮮奶油，番茄的酸味仍舊滑順爽口

雞肉番茄鮮奶油

調理時間 **20**分

1人份 **426** kcal

（食譜提供：牛尾）

材料（2人份）

雞胸肉 .... **1大塊（300g）**

洋蔥 小的1顆

鴻禧菇 1包

蒜頭 1瓣

A〔鹽1/3小匙，胡椒少許，蜂蜜1小匙，迷迭香葉2枝的量〕

B〔番茄罐頭200ml，番茄汁1罐，水100ml，高湯粉1/2小匙〕

鮮奶油 50ml

鹽、胡椒 .... 各適量

橄欖油 1小匙

荷蘭芹（切末）............. 適量

作法

1 雞胸肉切一口大小，用**A**抓勻。洋蔥切月牙形，分開鴻禧菇。

2 橄欖油倒入平底鍋中，油熱後放入拍扁的蒜頭爆香，香味出來後放入洋蔥拌炒。洋蔥炒軟後再放入雞胸肉拌炒，雞胸肉**熟了後放入鴻禧菇、B，轉小火煮15分鐘**。

3 倒入鮮奶油、鹽、胡椒調味。盛盤，撒上荷蘭芹。

雞肉香炒蠶豆

調理時間 **15** 分
1人份 **251** kcal
（食譜提供：館野）

材料（2人份）

雞胸肉（去皮）
　··············1小塊（150g）
新鮮蠶豆（已去豆莢）‥150g
小番茄·················7~8個
黑木耳（乾燥的）···········5g
蒜末、薑末···········1瓣10g
A〔酒1大匙，鹽、砂糖各少
　許，片栗粉1小匙〕
鹽·······················適量
胡椒······················少許
芝麻油·················1大匙

作法

1 雞胸肉切小塊的斜片，裹上
A。在蠶豆的黑色地方淺淺
地劃一刀，放入加了鹽的沸
水中汆燙，燙熟後撈起放在
網子上放涼，剝去外皮。

2 泡發黑木耳，手撕容易入口
的大小。

3 芝麻油倒入平底鍋中加熱，
油熱後加入蒜末、薑末爆
香，待香味出來後再放入雞
胸肉炒3～4分鐘。肉熟後再
加入蠶豆、小番茄和2一起
拌炒，最後再撒上少許的鹽
和胡椒。

五顏六色！

1塊
（2人份）

雞肉蕪菁的
治部煮風

調埋時間 **25** 分
1人份 **302** kcal
（食譜提供：伊藤）

材料（4人份）

雞胸肉····················1/2塊
蕪菁·······················2個
胡蘿蔔····················1/4根
油炸豆皮····················1塊
鵪鶉蛋（水煮）···············4個
鹽·······················少許
片栗粉····················適量
A〔高湯300ml，味酥1.5大
　匙，醬油1大匙〕

作法

1 雞胸肉切小塊的薄斜片，撒
上鹽、片栗粉抓勻。蕪菁切
對半，蕪菁葉稍微汆燙一
下。胡蘿蔔切0.5公分斜片。
油炸豆皮用廚房紙巾輕壓吸
油後切容易入口的大小。

2 將A倒入鍋中開火煮滾後，
放入蕪菁、胡蘿蔔、油炸豆
皮、鵪鶉蛋煮7‧~8分鐘。

3 蔬菜熟了後集中到鍋邊，接
著放入雞肉煮熟。盛盤，最
後放上切了容易入口大小的
蕪菁葉。

（註：治部煮是石川縣金澤市的代
表鄉土料理）

多汁的
雞胸肉

1/2塊
（4人份）

19

雞胸肉

2塊
（4人份）

關鍵在特製
的麵衣

下飯 雞肉的鬆軟加上蔬菜的酥脆，
一次滿足兩種不同的口感

炸雞塊和炸起司白花椰菜

調理時間 15 分

1人份 561 kcal

材料（4人份）

雞胸肉……………………2塊
白花椰菜…………………150g
A〔低筋麵粉5大匙，牛奶4
　 大匙多一點，蛋1顆，帕
　 瑪森起司2大匙，鹽3/4小
　 匙，胡椒少許〕
麵包粉……………………適量
油炸用油…………………適量

作法　　　　　（食譜提供：岩崎）

1 雞胸肉切一口大小的薄片，白花椰菜分
　 小房。

2 A拌勻。

3 白花椰菜裹A，放入170度高溫的熱油
　 中炸。雞胸肉裹A後再撒上麵包粉，一
　 樣下鍋油炸。

熱呼呼的
高湯風味

1塊
（2人份）

健康 高湯和咖哩粉燜煮後，相當刺激食欲！

雞胸肉炒和風咖哩蓮藕

調理時間 15 分

1人份 380 kcal

材料（2人份）

雞胸肉……………………1小塊
蓮藕………………………200g
油豆腐……………………1/2塊
A〔咖哩粉1/4小匙，酒、片
　 栗粉各1小匙，鹽、胡椒
　 各少許〕
B〔高湯500ml，咖哩粉1/3小
　 匙，味醂、胡椒各2小
　 匙〕
沙拉油……………………1小匙

作法　　　　　（食譜提供：伊藤）

1 雞胸肉切一口大小後裹A。蓮藕切滾刀
　 塊，泡一下水後瀝乾。油豆腐先去油再
　 對半切，然後切1公分寬。

2 沙拉油倒入平底鍋中加熱，放入蓮藕
　 炒。待蓮藕都裹上油了再放入雞胸肉一
　 起炒，炒到雞胸肉變色就可放入油豆腐
　 再稍微拌炒一下。

3 加入B蓋上蓋子，燜煮3〜4分鐘。熟了
　 之後掀蓋，邊攪拌炒到收汁。

很有飽足感

1塊
（2人份）

健康 豆瓣醬的辣、味噌的醇。放在飯上一起享用

雞肉和白蘿蔔煮辣味噌

調理時間 25 分

1人份 348 kcal

材料（2人份）

雞胸肉……………………1塊
白蘿蔔……………………1/3根
蔥…………………………1/2根
A〔味噌、酒、味醂各1大
　 匙，豆瓣醬1小匙，醬油
　 1/2小匙〕
芝麻油……………………1/2大匙

作法　　　　　（食譜提供：伊藤）

1 雞胸肉切一口大小（約6等分）。白蘿
　 蔔切3公分厚的扇形後汆燙7〜8分鐘備
　 用。蔥切3公分段。

2 沙拉油倒入平底鍋中加熱，放入雞肉炒
　 到表面變色，加入200ml的水和蔥、白
　 蘿蔔。

3 煮滾後加入A，**蓋上落蓋煮12〜13分
　 鐘**，邊煮邊攪拌。煮到湯汁少一點後就
　 可盛盤，再依個人喜好撒上蔥花。

吸飽鮮味的山藥也很好吃！

清爽 梅子風味讓這道菜有了變化且吃不膩

梅子風味的雞肉山藥

調理時間 **10**分

1人份 **358** kcal

材料（2人份）

雞胸肉 ·······················1塊
山藥·······························200g
A〔薑泥5g，梅肉1大匙，酒
　2大匙，醬油2小匙，砂
　糖、片栗粉、沙拉油各1
　小匙〕
細蔥（切蔥花）···········2根

作法　　　　　　　（食譜提供：伊藤）

1　雞胸肉切小塊的斜片，放進塑膠袋內，加入**A**抓勻。山藥縱切4等分後再切滾刀塊。

2　將**山藥鋪在耐熱皿中，上面再放上雞肉**。鬆鬆地蓋上保鮮膜，微波（600W）加熱3分鐘。取出耐熱皿，將雞胸肉上下翻面後再微波1分鐘。盛盤，撒上蔥花。

1塊
（2人份）

因為味噌成了和風料理

下飯 加了味噌的和風印度烤雞。配飯吃也好吃

味噌咖哩烤雞胸肉

調理時間 **30**分

1人份 **241** kcal

材料（4人份）

雞胸肉 ·····················2大塊
鹽·······························1/4小匙
胡椒·······························少許
A〔咖哩粉1/2大匙，味噌2
　大匙，鹽1/4小匙，1/4瓣
　蒜磨蒜泥，薑泥5g，番
　茄醬2小匙〕
檸檬（切月牙形）·······適量

作法　　　　　　　（食譜提供：岩崎）

1　拿叉子在雞胸肉上多刺幾個地方，撒上鹽、胡椒。

2　將**A**拌勻，**裹上1後放一晚**。

3　烤箱先用230度預熱，接著放進雞肉烤20分鐘。切容易入口大小，盛盤，檸檬放旁邊。

2塊
（4人份）

也很適合當下酒菜

清爽 微波後不拿掉保鮮膜直接放涼，就成了口感濕潤的蒸雞

雞胸肉春菊拌芝麻柚子醋

調理時間 **15**分

1人份 **208** kcal

材料（4人份）

雞胸肉 ···········1塊（250g）
春菊·······························200g
A〔酒2大匙，鹽2/3小匙〕
B〔白芝麻3大匙，芝麻油1
　大匙，柚子醋醬油1.5大
　匙〕

作法　　　　　　　（食譜提供：牛尾）

1　雞胸肉放進耐熱皿中，淋上**A**，鬆鬆地蓋上保鮮膜，微波（600W）加熱10分鐘。取出耐熱皿**稍微放涼一點後再拿掉保鮮膜**，撕容易入口的大小。

2　春菊放入加了少許（分量外）鹽巴的熱水中汆燙1分鐘，將水倒掉再捏乾、切段。

3　將**B**拌勻，再和**1**、**2**拌在一起。

1塊
（4人份）

下飯 雞肉和白米一起煮，美味滲透進米飯中

雞胸肉口感濕潤的海南雞飯

調理時間 **70**分

1人份 **519** kcal

（食譜提供：牛尾）

材料（3～4人份）

雞胸肉⋯⋯⋯⋯⋯⋯⋯⋯⋯**1塊**

洋蔥⋯⋯⋯⋯⋯⋯⋯⋯⋯1/4顆

蒜頭⋯⋯⋯⋯⋯⋯⋯⋯⋯1瓣

薑⋯⋯⋯⋯⋯⋯⋯⋯⋯⋯10g

米⋯⋯⋯⋯⋯⋯2杯（360ml）

鹽⋯⋯⋯⋯⋯⋯⋯⋯⋯2/3小匙

胡椒⋯⋯⋯⋯⋯⋯⋯⋯⋯少許

A〔芝麻油、蜂蜜各1/2小匙〕

雞湯粉⋯⋯⋯⋯⋯⋯⋯⋯1小匙

小黃瓜（切薄斜片）⋯⋯1/2根的量

番茄（切月牙形）⋯⋯⋯1/2顆的量

香菜（切小段）⋯適量（約20g）

B〔豆瓣醬2/3小匙，番茄醬1/2大匙，蜂蜜1.5大匙，1瓣蒜磨蒜泥〕

作法

1 米洗好後先放在漏網上。雞胸肉去皮（皮留下當副菜用），用鹽、胡椒、**A**抓醃。

2 洋蔥、蒜頭、薑切碎末。

3 將米、作法**2**、雞湯粉放入電子鍋中，**水加到刻度2的地方，放入雞胸肉，用一般煮飯的模式煮。**

4 飯煮好後先取出雞胸肉，大致拌一下飯再蓋上蓋子燜10分鐘。雞肉切斜片。

5 白飯盛盤，接著再放上雞胸肉、小黃瓜、番茄、香菜，淋上拌勻的**B**，即完成。

便宜 滿滿的膠原蛋白，也很適合當下酒菜！

雞皮綠豆芽炒小豆苗

調理時間 **10**分

1人份 **229** kcal

（食譜提供：牛尾）

材料（2人份）

雞皮（從雞胸肉上剝下來的）⋯⋯⋯**1塊**

綠豆芽⋯⋯⋯⋯⋯⋯⋯⋯1包

小豆苗⋯⋯⋯⋯⋯⋯⋯⋯1包

鹽⋯⋯⋯⋯⋯⋯⋯⋯⋯1/3小匙

胡椒⋯⋯⋯⋯⋯⋯⋯⋯⋯少許

芝麻油⋯⋯⋯⋯⋯⋯⋯⋯1大匙

作法

1 雞皮切1公分寬。

2 儘量掐去綠豆芽的根，切掉小豆苗的根後再對半切。

3 芝麻油倒入平底鍋中加熱，放入1炒，**炒到酥脆後加入2**一起拌炒。最後用鹽、胡椒調味即可。

交給電子鍋來做！

脆脆的雞皮！

雞皮
1塊
（2人份）

1塊
（4人份）

超想
配飯吃！

2塊
（4人份）

下飯 口感鬆軟的根菜類組合，滿足您的味蕾

辣拌雞肉和根菜類

調理時間 **20**分

1人份 **366** kcal

材料（4人份）
雞胸肉（已去皮）⋯⋯⋯⋯2塊（**400g**）
蓮藕⋯⋯⋯⋯⋯⋯⋯⋯⋯⋯⋯⋯⋯⋯⋯⋯1節
地瓜⋯⋯⋯⋯⋯⋯⋯⋯⋯⋯1小根（**200g**）
酒、醬油⋯⋯⋯⋯⋯⋯⋯⋯⋯⋯⋯各2小匙
片栗粉⋯⋯⋯⋯⋯⋯⋯⋯⋯⋯⋯⋯⋯⋯適量
A〔砂糖、醬油各2.5大匙，醋、水各2
　　大匙，豆瓣醬、片栗粉各1/3小匙〕
油炸用油⋯⋯⋯⋯⋯⋯⋯⋯⋯⋯⋯⋯⋯適量
細蔥（切蔥花）、白芝麻⋯⋯⋯各適量

作法
（食譜提供：市瀨）

1 雞胸肉切一口大小的斜片，先用酒、醬油抓一下再撒上
片栗粉。蓮藕切1公分厚的半月形，泡一下水後瀝乾，
撒上片栗粉抓勻。地瓜帶皮切1公分厚的圓形。

2 平底鍋中倒入約2～3公分深的油炸用油，加熱到180
度，放入地瓜、蓮藕**邊翻面邊炸，地瓜炸3分30秒，蓮
藕炸3分鐘**，瀝油。雞胸肉也是邊翻面邊炸1分30秒，瀝
油。

3 將**A**加入平底鍋中開火，煮滾後加入**2**稍微拌炒。盛盤，
撒上蔥花、白芝麻。

蔬菜
分量也足

1塊
（2人份）

健康　薑味和風醬真美味！

薑味噌燜雞胸肉

調理時間 **20**分
1人份 **318** kcal
（食譜提供：夏梅）

材料（2人份）

雞胸肉·····························**1塊**
洋蔥·······························1/2顆
胡蘿蔔·····························1/2根
油菜·······························1/2把
A〔鹽少許，酒1大匙〕
高湯·······························300ml
B〔薑泥、味噌、味醂各1大匙〕

作法

1. 雞胸肉先用**A**醃10分鐘以上，再用廚房紙巾吸去鹽水。
2. 洋蔥切8等分的月牙形。胡蘿蔔切滾刀塊。油菜泡一下水讓它清脆一點，再把根部切掉2公分左右
3. 將洋蔥、胡蘿蔔、雞胸肉高湯加入鍋中加熱，煮滾後轉小火燜8分鐘，然後將雞胸肉翻面再燜2分鐘。鍋中的湯汁拿2～3大匙出來。
4. 將油菜放在鍋邊再燜2分鐘，打開蓋子轉大火煮2分鐘收汁。
5. 將**B**加入從3分出來的**湯汁中拌勻**，當作沾醬。拿出雞胸肉切斜片，和蔬菜一起盛盤，淋上沾醬。

暖呼呼的
最讚

1/2塊
（2人份）

便宜　鋪滿切碎的綠花椰菜

雞肉綠花椰菜
法式鹹派

調理時間 **25**分
1人份 **282** kcal
（食譜提供：瀨尾）

材料（2人份）

雞胸肉·····························1/2塊
綠花椰菜·····························1顆
洋蔥·······························1/4顆
白葡萄酒（或清酒）······1大匙
蛋·································3顆
A〔鮮奶油70ml，鹽、胡椒各少許，比薩用起司50g〕
奶油·······························1大匙

作法

1. 雞胸肉切1公分的塊。綠花椰菜分小房，**用菜刀刮去花蕾**，梗切**0.5公分**的塊。莖撕去硬皮後同樣切0.5公分。洋蔥切碎末。
2. 加熱平底鍋、融化奶油，加入洋蔥拌炒。洋蔥炒軟後再依序加入花椰菜梗和莖、雞胸肉、花蕾一起炒。倒入白酒，煮滾後再加70ml的水煮到收汁為止，關火放涼。
3. 雞蛋打在碗中攪散後加入**A**和2。奶油（分量外）先塗抹在耐熱皿上，再將碗中的食材倒入，放入烤箱烤10分鐘。

蜂蜜讓口感
更濕潤

便宜　加了蜂蜜的溫和甜味的照燒醬

照燒雞肉馬鈴薯

調理時間 **30**分
1人份 **406** kcal

材料（2人份）

雞胸肉⋯⋯⋯⋯⋯⋯⋯⋯⋯**2塊**
馬鈴薯⋯⋯⋯⋯⋯⋯⋯⋯⋯2顆
胡蘿蔔⋯⋯⋯⋯⋯⋯⋯⋯⋯1根
荷蘭豆⋯⋯⋯⋯⋯⋯⋯⋯⋯12個
A〔蜂蜜、酒各2大匙，醬油4
　大匙〕

作法

1 將**A**倒入保鮮袋中晃勻。**拿叉子在雞皮戳幾下後**放入保鮮袋中抓醃以入味。

2 拿出雞胸肉切一口大小。馬鈴薯切4～8等份，泡一下水再放在漏網上瀝掉水分。胡蘿蔔切1公分厚的圓片。

3 荷蘭豆去絲，汆燙。

4 將**2**、醬、300ml的水加入鍋中開大火，煮滾後撈掉泡沫。蓋上蓋子轉小火煮15～20分鐘煮到收汁。盛入碗中，加入荷蘭豆。

2塊
（2人份）

與蔬菜之間
的絕妙平衡

下飯　酸酸甜甜的醬及剛炸好的多汁雞塊

南蠻炸雞和蓮藕

調理時間 **15**分
1人份 **263** kcal

材料（4人份）

雞胸肉⋯⋯⋯⋯⋯⋯⋯⋯⋯**2小塊**
蓮藕⋯⋯⋯⋯⋯⋯⋯⋯⋯⋯1/3節
細蔥⋯⋯⋯⋯⋯⋯⋯⋯⋯⋯5根
A〔酒、醬油各2大匙，薑汁1
　大匙〕
片栗粉⋯⋯⋯⋯⋯⋯⋯⋯⋯適量
B〔水6大匙，醬油、醋各2大
　匙，砂糖1大匙，1/2支紅辣
　椒切碎末〕
油炸用油⋯⋯⋯⋯⋯⋯⋯⋯適量

作法　　（食譜提供：市瀨）

1 雞胸肉斜切1.5公分厚的一口大小，用**A**抓醃。**室溫下放置15分鐘後**撒上片栗粉。

2 蓮藕切0.5～0.6公分厚的半月形，細蔥切5公分段。

3 將**B**倒入調理碗中拌勻後再加入細蔥拌勻。

4 平底鍋中倒入2公分深的油炸用油，加熱到170度，放入蓮藕炸2分鐘後取出，**趁熱放入3中拌勻**。

5 雞胸肉炸2分鐘後再開大火炸1～2分鐘，取出放入**4**中拌勻。

2塊
（4人份）

1塊
（2人份）

關鍵在調味

快速 雞肉切和小松菜一樣的段就比較容易入口

雞胸肉炒小松菜蔥末

調理時間 **10**分

1人份 **299** kcal

材料（2人份）

雞胸肉 ……………………………**1塊**

小松菜 ……………………………1/2把

A〔薑末5g，10公分蔥切蔥
　末，酒1大匙，芝麻油1
　小匙，鹽1/3小匙，胡椒
　少許〕

B〔片栗粉1小匙，水2小
　匙〕

沙拉油 ………………………1小匙

作法　　　　　　　　（食譜提供：伊藤）

1 雞胸肉**切1公分厚的斜片後再切1公分
寬**，用**A**抓醃。小松菜切4～5公分長，
分開梗、葉。

2 沙拉油倒入平底鍋中加熱，加入雞胸肉
炒到變色，接著放入小松菜梗一起拌炒
到小松菜都裹上油後再**放入小松菜葉、
2大匙水拌炒**。

3 葉子軟了之後倒入**B**的芡粉水勾芡。

健康又安心

1塊
（4人份）

健康 酥脆多汁，在家炸雞塊

炸雞塊豆腐

調理時間 **10**分

1人份 **299** kcal

材料（4人份）

雞胸肉 ……………………………**1塊**

豆腐 ……………1/2塊（150g）

洋蔥 ……………………………1/4顆

蒜頭 ……………………………1瓣

A〔蛋1顆，荷蘭芹切末、
　鹽各1小匙，美乃滋、片
　栗粉各2大匙，胡椒少
　許〕

低筋麵粉 …………………………適量

油炸用油 …………………………適量

作法　　　　　　　　（食譜提供：牛尾）

1 用食物調理機將雞胸肉絞成絞肉狀（或
是用菜刀切碎末）。將重物壓在豆腐
上，確實壓出水分。洋蔥、胡蘿蔔切
末。

2 將1、**A**放入調理碗中拌勻，接著捏成
一口大小的丸子。

3 撒上低筋麵粉，放入加熱到170度的熱
油中炸到酥脆。最後可依個人喜好沾番
茄醬或是黃芥茉粒。

2塊
（4人份）

鹹甜滋味
超下飯

快速 抹上片栗粉的雞胸肉，滑嫩好入口

春菊、蔥壽喜雞

調理時間 **10**分

1人份 **285** kcal

材料（4人份）

雞胸肉 ……………………………**2塊**

春菊 ……………………………1把

蔥 ……………………………2/3根

片栗粉 …………………………適量

A〔水400ml，砂糖、味醂各
　2大匙，酒、醬油各4大
　匙〕

作法　　　　　　　　（食譜提供：武藏）

1 春菊切3等份，蔥切對半後再斜切薄
片。雞胸肉切斜片，撒上一點點的片栗
粉。

2 將A倒入鍋中開火，煮滾後再加入雞胸
肉。**先將一面煮2分鐘翻面，直到熟
透**，接著再放入春菊梗、蔥再煮2分
鐘，最後再放春菊葉快速地煮一下就可
起鍋。

1塊
（4人份）

溫和的滋味

便宜 濃郁芝麻香又美味

雞肉高麗菜拌芝麻味噌

調理時間 **20**分

1人份 **357** kcal

材料（4人份）
雞胸肉‥‥‥‥‥‥‥‥‥**1塊**
高麗菜‥‥‥‥‥‥‥‥‥1/4顆
鹽、酒‥‥‥‥‥‥‥各少許
A〔白味噌、砂糖、醋、白
　芝麻各2大匙〕

作法
1 雞胸肉放入耐熱皿中，撒上鹽、酒，蓋上保鮮膜微波（600W）4～5分鐘，手撕成雞肉絲。**高麗菜稍微汆燙一下，瀝掉水分**，切段。
2 A拌勻後再和1拌一起即完成。

1塊
（4人份）

酥酥脆脆
的麵衣

下飯 酥炸馬鈴薯絲，滿足口欲！

炸雞肉馬鈴薯絲

調理時間 **15**分

1人份 **369** kcal

材料（4人份）
雞胸肉‥‥‥‥‥‥‥‥**1大塊**
馬鈴薯‥‥‥‥‥‥‥3～4顆
鹽、胡椒‥‥‥‥‥‥各少許
低筋麵粉‥‥‥‥‥‥‥適量
A〔美乃滋2大匙，番茄
　醬、牛奶各2小匙〕
沙拉油‥‥‥‥‥‥‥‥4大匙
萵苣‥‥‥‥‥‥‥‥‥‥4葉

作法　　　　　（食譜提供：今泉）
1 雞胸肉切斜薄片，撒上鹽、胡椒，少許的低筋麵粉。
2 馬鈴薯**刨細絲**。
3 沙拉油倒入平底鍋中加熱，**1**沾**2**兩面煎。盛盤，手撕萵苣放旁邊，淋上拌勻的**A**。

2塊
（4人份）

起司風味，
食欲大開

便宜 麵衣裡加入起司粉，濃郁美味

義式炸雞排

調理時間 **15**分

1人份 **496** kcal

材料（4人份）
雞胸肉‥‥‥‥‥‥‥‥‥**2塊**
A〔1/4瓣蒜磨蒜泥，鹽1/3小匙，胡椒
　少許〕
B〔低筋麵粉適量，起司粉2小匙〕
蛋液‥‥‥‥‥‥‥‥‥‥1顆
麵包粉‥‥‥‥‥‥‥‥‥適量
油炸用油‥‥‥‥‥‥‥‥適量

作法　　　　　（食譜提供：岩崎）
1 **把雞胸肉厚的地方剖半**，用A抓醃。
2 依序裹上拌勻的**B**、蛋液、麵包粉。
3 放入加熱到170度的熱油中炸，取出後再切成容易入口的大小。如果家裡有的話，旁邊可放小番茄、檸檬片。

27

很適合沾
酸甜沾醬

1/2塊
（2人份）

清爽　口感清脆&味道清爽，心情也跟著愉悅！

雞肉水菜生春捲

調理時間 **20** 分
1人份 **235** kcal

材料（2人份）

雞胸肉……………………1/2塊
京水菜……………………1把
酒……………………………1大匙
鹽……………………………1撮
青紫蘇………………………10葉
冬粉…………………………10g
越南春捲皮…………………4片
A〔番茄醬2大匙，豆瓣
　醬、蜂蜜、現榨檸檬汁
　各1小匙〕

作法
（食譜提供：阪口）

1 將雞胸肉放入深一點的耐熱皿中，撒上鹽、酒。

2 **平底鍋盛水，將1連同耐熱皿放入鍋中，蓋上蓋子開中火。**水滾後燜10分鐘，不取出直接在鍋中放涼。

3 取出雞胸肉撕大塊，京水菜把根切掉後再切4公分段。青紫蘇切碎末，再和京水菜和在一起。冬粉泡水後汆燙2分鐘，切容易入口的長短。

4 越南春捲皮稍微泡一下水後鋪放在擰乾的毛巾上，放上3的食材包起來。切3等份、盛盤，將A拌勻放在一旁。

清脆又爽口

1塊
（2人份）

健康　檸檬的清爽與西洋菜的辛味搭配得剛剛好

萵苣&西洋菜
的雞肉沙拉

調理時間 **15** 分
1人份 **267** kcal

（食譜提供：見崎）

材料（2人份）

雞胸肉…………1塊（200g）
萵苣…………1/2顆（200g）
西洋菜………………………1把
蘑菇…………………………4朵
現榨檸檬汁…………………1大匙
A〔橄欖油1/2大匙、鹽、黑
　胡椒粉各少許，現榨檸
　檬汁1大匙〕
橄欖油………………………1/2大匙

作法

1 鹽、胡椒撒在雞胸肉上。橄欖油倒入平底鍋中開中火加熱，雞胸肉兩面煎熟。取出稍微放涼後再切0.5公分厚。

2 萵苣手撕一口大小，摘下西洋菜葉。萵苣和西洋菜泡水讓他們清脆一點，瀝乾水分。蘑菇切掉蒂頭後切薄片，淋上檸檬汁。

3 將1、2放入碗中，A依序加入。

在家就能做，
真簡單

1塊
（2人份）

（下飯）用柚子醋醬油簡單做出人氣料理

南蠻雞

調理時間 **15**分

1人份 **732**kcal

材料（2人份）

雞胸肉……………………**1**塊（**250**g）

水煮蛋………………………………1顆

萵苣………………………………1/4顆

小黃瓜………………………………1條

A〔美乃滋3大匙，洋蔥切末、
荷蘭芹切末各1大匙，鹽、胡
椒各少許〕

蛋液…………………………………1顆

低筋麵粉…………………………1/2杯

柚子醋醬油………………………4大匙

油炸用油……………………………適量

作法　　　（食譜提供：大庭）

1 雞胸肉斜切4等分。萵苣切
對半，小黃瓜切0.5公分厚
的斜片。

2 水煮蛋切碎末，放入調理
碗中，加入**A**拌勻。

3 **將100ml的冷水倒入蛋液
中，加入低筋麵粉拌勻，
當作麵衣使用。**

4 平底鍋中倒入約1～2公分
深的油炸用油，加熱到
120～140度，雞胸肉裹上**3**
的麵衣，炸2分鐘。翻面再
炸2分鐘，瀝掉多餘的油後
沾柚子醋醬油。盛盤，萵
苣、小黃瓜放在一旁，將**2**
夾在雞胸肉上面。

香濃美味的醬

1塊
（2人份）

（便宜）小火慢煎，鎖住美味湯汁

洋食屋的煎雞肉

調理時間 **15**分

1人份 **314**kcal

（食譜提供：牛尾）

材料（2人份）

雞胸肉……………………………**1**塊

四季豆………………1袋（100g）

洋蔥………………………………1/2顆

薑……………………………………10g

蒜頭………………………………1瓣

鹽………………………………1/4小匙

胡椒…………………………………少許

A〔番茄汁200ml，酒2大匙，高
湯粉1/2小匙〕

橄欖油……………………………2小匙

作法

1 將刀從雞胸肉厚的地方切
入然後將肉打開，用叉子
在雞皮上戳幾下。切一
半，撒上鹽、胡椒。四季
豆切對半，炒熟。

2 洋蔥切薄片。薑、蒜頭切
末。

3 橄欖油倒入平底鍋中加
熱，雞皮朝下放入。**拿稍
重的蓋子或是盤子壓在雞
肉上，轉小火煎3分鐘，翻
面再煎3分鐘。**雞胸肉盛
盤、四季豆放旁邊。

4 利用平底鍋中的剩油炒**2**，
炒到軟爛後加入**A**煮開。
煮到濃稠後再以鹽、胡椒
調味，淋在雞胸肉上。

冷了也很美味！

1塊
（4人份）

健康　義大利燉蔬菜中加了雞胸肉的主菜

加入雞胸肉的西西里菜

調理時間 **30**分

1人份 **305** kcal

（食譜提供：大庭）

材料（4人份）

雞胸肉	**1大塊**
洋蔥	1/2顆
蒜頭	1瓣
番茄	2顆
彩椒（紅、黃、橘）	各1顆
櫛瓜	1條
茄子	3條
西洋芹	1支
鹽、胡椒	各適量
白酒	2大匙
橄欖油	5大匙

作法

1 雞胸肉先縱切2.5公分寬，再切2公分厚的斜片，1/4小匙鹽、少許胡椒抓醃。洋蔥、蒜頭切末。番茄橫切對半去籽，再切1公分塊。

2 彩椒去蒂及籽切2～2.5公分塊狀。櫛瓜、茄子縱切4等分後再切2公分厚的扇形。西洋芹去筋，切2公分塊狀。

3 鍋中倒入1大匙橄欖油加熱，**雞胸肉兩面煎熟後取出備用。**

4 再加4大匙橄欖油到**3**的鍋中，加入洋蔥、蒜頭炒到軟爛後加入**2**一起拌炒。**加入剩餘材料和3的雞胸肉**，淋上紅酒、撒上1小匙鹽、少許胡椒。蓋上蓋子，邊上下翻面煮15～20分鐘。

用酥脆的馬鈴薯夾雞肉，分量UP

雞肉和馬鈴薯的法式薄餅

調理時間 **20** 分

1人份 **357** kcal

（食譜提供：小林）

材料（2人份）

雞胸肉	**2塊**
馬鈴薯	4小顆
鹽	少於1小匙
胡椒	適量
低筋麵粉	6大匙
奶油	3大匙

作法

1 雞胸肉去皮，**用保鮮膜分別蓋在2塊雞肉上，拿擀麵棍敲打到1.5倍大**。切對半，用鹽、胡椒抓醃。

2 馬鈴薯用刨絲器刨絲，撒上低筋麵粉。

3 奶油放入平底鍋中開火，奶油融化到一半時放入一半馬鈴薯絲鋪平，放入 **1**。接著放入另一半馬鈴薯絲，**邊用鏟子壓，兩面各煎3～4分鐘，煎到微焦**。

4 盛盤，如果有的話，旁邊可放萵苣或檸檬塊。

2塊（2人份）

╲ 奶油香 ╱

╲ 檸檬和西洋芹的香味使口感更清爽 ╱

2塊（4人份）

濃稠的奶油醬，是一道餐酒館料理

雞胸肉和西洋芹燉檸檬奶油

調理時間 **10** 分

1人份 **353** kcal

（食譜提供：上島）

材料（4人份）

雞胸肉	**2塊（400～500g）**
西洋芹	1支
檸檬薄片	4片
A〔鮮奶油150ml，黃芥茉粒3大匙〕	
橄欖油	1/2大匙
鹽、胡椒	各適量

作法

1 雞胸肉各切4等分的斜片，撒上鹽、胡椒。分開西洋芹的莖、葉，拿削皮刀削去莖上的筋，切斜薄片，取適量的葉切碎末。

2 橄欖油倒入平底鍋中加熱，放入雞胸肉、檸檬，**兩面煎熟但不要有焦黃色**，加入西洋芹炒到軟爛。

3 加入 **A** 煮到濃稠，以鹽、胡椒調味。盛盤，撒上西洋芹葉即完成。

熱呼呼＆濕潤的口感

 下飯

味噌和美乃滋的香濃美味。
蠶豆的口感也令人驚艷。

味噌雞胸肉竹筍

調理時間 **15**分
1人份 **291** kcal
（食譜提供：上島）

材料（4人份）

雞胸肉……………………**2塊**
竹筍（水煮）…………… 1/2支
蠶豆（去殼）………… 200g
A〔酒1大匙，鹽1/2小匙，胡
　 椒少許〕
B〔薑泥1小匙，味噌、美乃
　 滋（盡可能是零熱量
　 的）、水各1大匙〕
鹽………………………… 適量
沙拉油…………………… 1/2大匙

作法

1 雞胸肉切對半使厚薄均等，
再切1.5公分塊狀，撒上**A**。

2 竹筍切1公分塊狀。蠶豆用鹽
水汆燙後去皮。

3 將**B**拌勻。

4 沙拉油倒入平底鍋中加熱，
加入雞胸肉炒到肉變色，接
著再**放入竹筍拌炒到熟**。加
入**3**炒到收汁後再放入蠶豆
炒兩下即可盛盤。

2塊
（4人份）

濃稠！

 下飯　加了起司的奶油，大滿足

焗烤起司奶油雞胸肉

調理時間 **30**分
1人份 **545** kcal
（食譜提供：岩崎）

材料（2人份）

雞胸肉……………………**1塊**
鴻禧菇………………… 1/2包
白花椰菜……………… 150g
洋蔥…………………… 1/4顆
鹽、胡椒……………… 少許
奶油…………………… 1.5大匙
酒……………………… 1大匙
低筋麵粉……………… 1.5大匙
牛奶…………………… 300ml
A〔鹽1/4小匙，胡椒少許，
　 比薩用起司40g〕
麵包粉、帕瑪森起司… 各1/2
　 大匙

作法

1 雞胸肉切一口大小，撒上鹽、
胡椒。鴻禧菇分小朵。白花椰
菜分小朵後汆燙。洋蔥切碎
末。

2 1/2大匙奶油放入鍋中融化，加
入雞胸肉拌炒，淋上酒蓋上蓋
子。**小火燜煮7～8分鐘**後再放
入鴻禧菇、白花椰菜燜煮4～5
分鐘。

3 1大匙奶油放入另一個鍋中融
化，加入洋蔥炒到軟爛，**加入
低筋麵粉拌炒，但注意不要炒
焦了**。倒入牛奶攪拌一下，待
煮滾後轉小火，邊煮邊攪拌煮
7～8分鐘，接著再加入**A**。

4 加入**2**拌勻，放入耐熱皿中。
撒上麵包粉、起司，放入預熱
200℃的烤箱烤10分鐘即可取
出。

1塊
（2人份）

淋上滿滿的醬

便宜　絕品的奶油芝麻優格醬！

小黃瓜棒棒雞

調理時間 **20**分

1人份 **204** kcal

材料（2人份）

雞胸肉⋯⋯⋯1小塊（200g）

小黃瓜⋯⋯⋯⋯⋯⋯⋯⋯1條

A〔酒1大匙，鹽1/2小匙，水
　　400ml〕

B〔原味優格 80g，白芝麻2
　　大匙，砂糖1/2大匙，芝
　　麻油、薑末各1小匙，鹽
　　1/2小匙〕

作法　　　　　　（食譜提供：脇）

1 將**A**放入鍋中煮滾後加入雞胸肉、蓋上
蓋子，轉小火煮5分鐘，中間需上下翻
面煮熟後放涼。

2 取出雞肉去皮，**用擀麵棍拍打幾下再用
手撕開**。小黃瓜同樣拍打再用手剝小
段。

3 小黃瓜盛盤，雞胸肉放小黃瓜上面，**B**
拌勻後再淋在雞肉上。

1塊
（2人份）

燜烤出鬆軟
口感

便宜　用鋁箔紙燜烤，雞胸肉很多汁

雞胸肉燜烤韭菜味噌

調理時間 **40**分

1人份 **244** kcal

材料（4人份）

雞胸肉⋯2塊（400〜500g）

洋蔥⋯⋯⋯⋯⋯⋯⋯⋯⋯2顆

A〔韭菜切碎末30g，薑末
　　10g，味噌、味醂各3大
　　匙，酒、醬油各1小匙〕

作法　　　　　　（食譜提供：牛尾）

1 雞胸肉切一口大小，洋蔥切1公分寬的
圓片。

2 將**A**拌勻。

3 鋁箔紙裁30公分長的4張、攤平，**依序
將1/4量的洋蔥、雞胸肉分別放在每張鋁
箔紙的中間**。淋上**A**、包起來、封起開
口，放進烤箱以180℃烤15〜20分鐘即
完成。

2塊
（4人份）

湯也是絕品

健康　櫛瓜和番茄的味道超搭！

雞肉和櫛瓜番茄湯

調理時間 **15**分

1人份 **325** kcal

材料（4人份）

雞胸肉⋯⋯⋯⋯⋯⋯⋯⋯1塊

櫛瓜⋯⋯⋯⋯⋯⋯⋯⋯⋯1條

洋蔥⋯⋯⋯⋯⋯⋯⋯⋯⋯1/2顆

培根⋯⋯⋯⋯⋯⋯⋯⋯⋯1片

鹽、胡椒⋯⋯⋯⋯⋯⋯各少許

A〔番茄汁300ml，高湯粉1小匙，
　　鹽、胡椒各少許，白葡萄酒
　　（若有）1大匙〕

沙拉油⋯⋯⋯⋯⋯⋯⋯2小匙

羅勒葉⋯⋯⋯⋯⋯⋯⋯⋯少許

作法　　　　　　（食譜提供：石澤）

1 雞胸肉切大塊斜片，撒上鹽、胡
椒。櫛瓜、洋蔥、培根都切1公
分塊狀。

2 沙拉油倒入平底鍋中加熱，加入
雞胸肉拌炒至**變色後**再放入櫛
瓜、洋蔥、培根拌炒。

3 加入**A**、轉中火煮7分鐘，盛盤、
羅勒葉放旁邊即可。

1塊
（4人份）

香香的辛香料

2塊
（4人份）

便宜　補充優良蛋白質，華麗餐桌上的美味沙拉

印度烤雞沙拉

調理時間 **15**分
1人份 **262** kcal
（食譜提供：岩崎）

材料（4人份）

雞胸肉‥‥‥‥‥‥‥‥‥‥‥‥‥**2塊**
原味優格‥‥‥‥‥‥‥‥‥‥‥100ml
A〔薑泥10g，1/2瓣蒜磨蒜泥，
　咖哩粉、番茄醬各2小匙，月
　桂葉1片，鹽1/2小匙，胡椒少
　許〕
萵苣‥‥‥‥‥‥‥‥‥‥‥‥‥‥6葉
青紫蘇‥‥‥‥‥‥‥‥‥‥‥‥‥4葉
洋蔥‥‥‥‥‥‥‥‥‥‥‥‥‥1/4顆
B〔沙拉油1.5大匙，現榨檸檬汁
　2小匙，蜂蜜1小匙，檸檬2片
　切扇形和圓片，鹽1/5小匙，
　胡椒少許〕

作法

1 優格放在廚房紙巾上，水加到優格一半的量。

2 將雞胸肉、A加入1抓勻，放置一晚。

3 放入烤箱烘烤以180℃烘烤到熟，取出，待稍微涼一點後再切容易入口大小。

4 萵苣、青紫蘇手撕容易入口大小，洋蔥切薄片、泡一下水後瀝掉水分。盛盤，加入3，淋上拌勻的B即可。

特別感滿載

1塊
（2人份）

快速　享受堅果的美味與酥脆口感

中式炒雞肉與綜合堅果

調理時間 **10**分
1人份 **579** kcal
（食譜提供：石澤）

材料（2人份）

雞胸肉‥‥‥‥‥‥‥‥‥‥‥‥‥**1塊**
蔥‥‥‥‥‥‥‥‥‥‥‥‥‥‥1/2根
紅椒‥‥‥‥‥‥‥‥‥‥‥‥‥‥1顆
綜合堅果‥‥‥‥‥‥‥‥‥‥‥‥1杯
鹽、胡椒‥‥‥‥‥‥‥‥‥‥各少許
薑末‥‥‥‥‥‥‥‥‥‥‥‥‥1小匙
A〔酒1大匙，鹽、胡椒各少
　許，淡口醬油1/2小匙〕
沙拉油‥‥‥‥‥‥‥‥‥‥‥‥1大匙

作法

1 堅果放在漏網上，撒上鹽然後拍落多餘的鹽。洋蔥切0.7～0.8公分的蔥花，紅椒切0.7～0.8公分的塊狀。雞胸肉切2公分塊狀，撒上鹽、胡椒，再拌勻A。

2 1/2大匙沙拉油倒入平底鍋中加熱，放入堅果炒到微微變色後取出備用。

3 平底鍋中再倒入1/2大匙沙拉油，轉中火將雞胸肉炒熟。當雞胸肉變色後就可撒上胡椒，加入蔥花和紅椒拌炒，將A繞著鍋倒入。拌炒一下後再放入堅果，快速拌炒一下即完成。

去了皮的雞胸肉，熱量off

優格咖哩

調理時間 **20**分

1人份 **479** kcal

（食譜提供：今泉）

材料（2人份）

雞胸肉（去皮）⋯⋯⋯⋯**120g**

四季豆⋯⋯⋯⋯⋯⋯⋯ 100g

紅椒⋯⋯⋯⋯⋯1/2顆（60g）

洋蔥泥⋯⋯⋯⋯1/2顆（100g）

蒜泥⋯⋯⋯⋯⋯1/2瓣（5g）

薑泥⋯⋯⋯⋯⋯⋯⋯⋯ 10g

鹽⋯⋯⋯⋯⋯⋯⋯⋯⋯ 適量

咖哩粉⋯⋯⋯⋯⋯⋯⋯ 適量

低筋麵粉⋯⋯⋯⋯⋯⋯ 1小匙

A〔水200～300ml，雞湯塊1/2
塊，番茄醬1大匙，原味優
格150g〕

胡椒⋯⋯⋯⋯⋯⋯⋯⋯ 少許

沙拉油⋯⋯⋯⋯⋯⋯⋯ 2小匙

熱呼呼的白飯⋯⋯⋯⋯ 300g

作法

1 四季豆去掉蒂頭切4公分長，
汆燙半生熟。紅椒縱切對
半、去蒂、去籽，橫切1公分
寬。雞胸肉切一口大小的斜
片，撒上1/2小匙鹽。

2 沙拉油倒入平底鍋中加熱，
放入雞胸肉炒至變色後加入
洋蔥、蒜泥炒到沒有水分。

3 將1大匙的咖哩粉和低筋麵粉
倒入平底鍋的邊邊拌炒，接
著再加入**A**。煮滾後轉小火
煮8～10分鐘，接著加入四季
豆、紅椒再煮3～5分鐘。最
後再以薑泥、咖哩粉、少許
鹽、胡椒調味，配著白飯
吃。

不用市售咖哩塊
真健康

1塊
（2人份）

加了雞肉營養滿點的湯品

雞肉蔬菜玉米濃湯

調理時間 **25**分

1人份 **214** kcal

（食譜提供：岩崎）

材料（2人份）

雞胸肉（去皮）⋯⋯⋯⋯1/2塊
　（100g）

綠花椰菜⋯⋯⋯⋯⋯⋯ 60g

馬鈴薯⋯⋯⋯⋯⋯⋯⋯ 1顆

洋蔥⋯⋯⋯⋯⋯⋯⋯ 1/4顆

A〔鹽、胡椒各少許〕

B〔高湯塊1/4塊，水300ml〕

C〔奶油玉米罐頭100g，玉米
粒20g，牛奶100ml〕

鹽⋯⋯⋯⋯⋯⋯⋯⋯ 1/3小匙

胡椒⋯⋯⋯⋯⋯⋯⋯⋯ 少許

奶油⋯⋯⋯⋯⋯⋯⋯⋯ 1小匙

作法

1 雞胸肉切一口大小撒上**A**。
綠花椰菜分小株後汆燙、切
細塊。馬鈴薯去皮與洋蔥切2
公分塊狀，馬鈴薯切好要泡
一下水。

2 奶油放入鍋中融化，加入洋
蔥炒到軟爛。接著再放入**雞
胸肉炒到變色後**加入馬鈴薯
稍微拌炒一下。加入**B**，煮
滾後轉小火煮15分鐘。

3 加入**C**，撒上鹽、胡椒，放
入綠花耶菜拌勻即可。

佐麵包當一餐

1/2塊
（2人份）

美乃滋增添
濃厚滋味

1塊
（2人份）

健康　從蒸到炒，一只平底鍋就完成

美乃滋醬油炒雞胸肉

調理時間 **15**分

1人份 **285** kcal

（食譜提供：伊藤）

材料（2人份）

雞胸肉⋯⋯⋯⋯⋯⋯ **1小塊**
綠花椰菜⋯⋯⋯⋯⋯⋯ 1/2顆
洋蔥⋯⋯⋯⋯⋯⋯⋯⋯ 1/4顆
A〔美乃滋1大匙，醬油1小
　　匙〕
鹽、胡椒⋯⋯⋯⋯⋯ 各適量
沙拉油⋯⋯⋯⋯⋯⋯ 1.5小匙

作法

1　雞胸肉縱切對半後再切斜片，
　　撒上少許鹽、胡椒。綠花椰菜
　　分小朵，洋蔥切薄片。A拌
　　勻。

2　1/2小匙沙拉油倒入平底鍋中加
　　熱，放入綠花椰菜拌炒到全部
　　都裹上油後加入3大匙水，蓋上
　　蓋子燜煮2分鐘。2分鐘後掀蓋
　　撒上少許鹽，拌炒到收汁。

3　平底鍋洗淨擦乾，加入1小匙油
　　加熱，放入洋蔥和雞胸肉拌
　　炒。肉炒熟後加入綠花椰菜，
　　關火、加入A一起拌炒。

保鮮袋&低溫調理，口感濕潤&不用洗碗

雞肉沙拉、副菜沙拉

調理時間 **45** 分

1人份 **407** kcal

（食譜提供：牛尾）

材料（2人份）

雞胸肉·············2塊（500g）

鹽·····························1小匙

萵苣·····························100g

荷蘭芹···························1根

胡蘿蔔·························1/2根

酪梨·····························1顆

莫札瑞拉起司····1個（100g）

A〔橄欖油、醋各2大匙，黃
　芥末粒2小匙，砂糖、鹽各
　1小匙〕

作法

1 雞胸肉撒上鹽後放入夾鏈袋
中，壓出空氣封口。

2 煮一鍋熱水，**關火、放入
1，讓它沉入鍋底，蓋上蓋
子放涼30分鐘以上**。

3 萵苣撕容易入口大小，用削
皮器將西洋芹、胡蘿蔔刨薄
片。全部一起泡入冷水中，
增加清脆口感，瀝掉水分。

4 酪梨切1.5公分塊狀，莫扎瑞
拉起司撕容易入口大小。

5 將2切容易入口的薄片。

6 將3、4、5盛盤，淋上拌勻
的**A**即完成。

絕讚的濕潤口感

2塊
（2人份）

能吃到豐盛的菠菜！

雞肉菠菜元氣咖哩

調理時間 **25** 分

1人份 **438** kcal

（食譜提供：栗山）

材料（容易做的分量）

雞胸肉·······························1大塊

菠菜·····························2把

咖哩塊·························80g

鹽、胡椒··············各適量

熱呼呼的白飯···········適量

作法

1 雞胸肉切1.5公分塊狀，撒上
少許鹽、胡椒。菠菜根部切
掉，再切0.5公分長。咖哩塊
切薄片。

2 **將菠菜放入鍋中，撒上1/2小
匙鹽**。轉大火，待水蒸氣上
來後蓋上蓋子、轉小火，燜
4～5分鐘。

3 菠菜撥到鍋子邊邊，在鍋子
空的地方炒雞胸肉。炒到肉
變色後也撥到鍋邊，放入咖
哩塊炒一下，再和所有食材
一起拌炒，加入300ml的水，
轉小火煮10分鐘。

4 盤中添碗飯，淋上3即完
成。

儲備鐵質&蛋白質

1塊
（4人份）

淋上沾醬變身
豪華料理

2塊
（4人份）

便宜　人氣雞肉火腿，祕訣是利用餘溫熟到裡面

雞肉火腿

調理時間 **15** 分

1人份 **324** kcal

（食譜提供：大庭）

材料（4人份）

雞胸肉…………2大塊（600g）
鹽………………………1小匙
A〔1/4小顆洋蔥切薄片，5g薑切
　薄片，月桂葉（手撕）2片，
　檸檬（切半月形）6片，白葡
　萄酒2大匙，百里香、黑胡椒
　粒各少許〕
嫩菜葉……………………60g
B〔1/2顆番茄切碎末，洋蔥切碎
　末、荷蘭芹切碎末各2大匙，
　鹽、胡椒各少許，橄欖油3大
　匙〕

作法

1 雞胸肉去皮，撒上鹽後放
　入淺盤中。**加入A並裹
　勻，改上保鮮膜靜置一
　晚。**

2 用保鮮膜將雞胸肉捲成圓
　柱形，扭轉兩端保鮮膜再
　用棉線綁起來，綁好後再
　綁整個雞肉捲。

3 煮一鍋1.4L～1.6L的熱水，
　放入**2**，再次煮滾後蓋上蓋
　子轉小火煮8～10分鐘。時
　間到後直接放涼，待涼了
　後再放入冰箱冷藏。

4 將嫩菜葉鋪在盤底，菜葉
　上再放切了薄片的**3**，最後
　淋上拌勻的**B**。

令人驚豔的
洋蔥口感

1塊
（4人份）

快速　蠔油和豆瓣醬的中式料理

雞肉辣炒洋蔥

調理時間 **10** 分

1人份 **579** kcal

（食譜提供：瀨尾）

材料（4人份）

雞胸肉……………………1塊
洋蔥………………………2顆
A〔沙拉油1大匙，低筋麵粉1.5
　大匙，酒1小匙，鹽、胡椒各
　少許〕
B〔豆瓣醬1小匙，蠔油2小匙，
　醬油1大匙〕
鹽、胡椒………………各少許
芝麻油…………………2大匙
細蔥（斜切）……………2根

作法

1 雞胸肉縱切對半後再切0.7
　公分厚斜片，淋上**A**。**洋
　蔥切月牙形並一片片剝
　開。**

2 芝麻油倒入平底鍋加熱，
　放入雞胸肉煎，煎到變色
　後撥到一邊，在空出來的
　鍋中炒洋蔥。

3 將**B**依序加入開大火炒，撒
　上鹽、胡椒。盛盤，放上
　細蔥即完成。

奶油醬讓料理更豪華！

餘溫調理不會柴

(下飯) 唯有雞胸肉能一人一片享受小資的奢華！

香煎雞肉奶油菇

調理時間 **30**分

1人份 **629** kcal

（食譜提供：岩崎）

材料（4人份）

雞胸肉	4塊
鴻禧菇	1包
香菇	4朵
菠菜	1小把
蒜頭	1瓣
白葡萄酒	2大匙

A〔美乃滋、牛奶各4大匙，黃芥末粒2小匙〕

鹽、胡椒	各適量
奶油	2.5大匙
沙拉油	1/2大匙

作法

1 用叉子在雞皮上戳幾下，所有的雞肉都撒上1/2小匙鹽、少許胡椒。鴻禧菇分小株，香菇去蒂頭後切4等分。菠菜切3～4公分段，蒜頭切對半。

2 沙拉油倒入平底鍋開大火加熱，雞皮朝下放入後馬上轉小火煎到上色，上下翻面煎5～6分鐘煎到熟。

3 擦去平底鍋內的油，加入1.5大匙奶油、鴻禧菇、香菇拌炒。炒熟後再將白葡萄酒繞圈倒入，接著加入拌勻的**A**。煮滾了後再以1/4小匙鹽、少許胡椒調味。

4 拿另一個平底鍋用蒜頭融化1大匙奶油。待香味出來後加入菠菜拌炒，加入1/3小匙鹽、少許胡椒調味。雞胸肉切塊盛盤，淋上**3**的醬，菠菜擺一邊即完成。

4塊
（4人份）

(便宜) 韓國辣椒醬和味淡的雞胸肉很對味

韓式蒸雞

調理時間 **40**分

1人份 **275** kcal

（食譜提供：市瀨）

材料（4人份）

雞胸肉	2小塊（400g）
小黃瓜	2根
黃豆芽	1袋（200g）
鹽	1/2小匙
薑皮	20g
酒	2大匙

A〔蒜泥少許，韓國辣椒醬、砂糖各1.5大匙，醬油、芝麻油、醋各1/2大匙〕

作法

1 雞胸肉放入耐熱皿中撒上鹽，放室溫20分鐘。放上薑皮，淋上酒，蓋上保鮮膜，微波（600W）3分鐘，上下翻面再3分鐘，最後用餘溫熟成。

2 用擀麵棍敲打小黃瓜，再剝容易入口大小。黃豆芽放入耐熱皿中鬆鬆地蓋上保鮮膜，微波（600W）3分鐘，瀝掉水分。

3 將**1**切容易入口大小，和**2**一起盛盤，最後淋上拌勻的**A**即可。

2塊
（4人份）

雞胸肉吃起
來更清爽

1塊
（4人份）

清爽 醋有能使肉變軟的效果

醋漬汆燙雞肉和蕈菇

調理時間 **15**分
1人份 **206**kcal
（食譜提供：小川）

材料（4人份）

雞胸肉（去皮）………**1大塊**
蘑菇、香菇……………各1包
金針菇……………………1袋
洋蔥……………………1/2顆
A〔醋2大匙，現榨檸檬汁1大
　匙，砂糖1小匙，鹽1/2小
　匙，胡椒少許，沙拉油2大
　匙〕
蘿蔔嬰……………………1/2袋

作法

1 洋蔥切碎末，放入調理碗中
　和**A**一起拌勻。

2 雞胸肉、蘑菇、香菇切容易
　入口大小。

3 雞胸肉放入熱水中快速汆燙
　一下，取出趁熱放入**1**的調
　理碗中。

4 用**3的熱水**汆燙蕈菇，把水
　倒掉後再放回**3**的調理碗中
　放涼。蘿蔔嬰的根部切掉後
　鋪在盤底，然後再把其他食
　材放上即完成。

華麗的
餐桌

1/2塊
（2人份）

便宜 建議容易柴的雞胸肉淋上酒再微波加熱

蒸雞肉拌彩椒

調理時間 **15**分
1人份 **150**kcal
（食譜提供：牛尾）

材料（2人份）

雞胸肉…………1/2塊（100g）
彩椒（紅、黃）………各1顆
酒………………………1大匙
鹽………………………少許
A〔醬油、芝麻油各1大匙，
　醋2小匙，砂糖、薑末各1
　小匙〕
蔥白……………………少許

作法

1 將刀從雞胸肉厚的地方橫著
　片開，放入耐熱皿中，撒上
　酒、鹽，鬆鬆地蓋上保鮮
　膜，微波（600W）加熱2分
　20秒。**取出放涼後手撕細
　絲**。

2 彩椒縱切對半後去蒂頭和
　籽，全部放入耐熱皿中，不
　蓋保鮮膜，直接微波加熱3分
　10秒。**放涼後去掉薄皮、切
　細絲**。

3 將**A**放入調理碗中拌勻，接
　著加入**1**和**2**拌在一起。盛
　盤，放上蔥白即可。

雞皮略微偏黃的比白色的好◎

顏色要比雞胸肉紅一點

雞皮的毛細孔要大

表面有光澤

torimomoniku

雞腿肉

美味與濃郁，肉質有彈性的萬能選手

位於腿到腳之間的部位，因為常活動的關係，肉質相當有彈性也很有嚼勁。能享受到恰如其分的脂肪、美味與濃郁。另一項魅力則是能運用在各種料理中。

營養與調理的祕訣

● 營養特徵
有豐富的優良蛋白質和鐵質。每100g的帶皮雞腿肉的熱量約204kcal，但去皮後只有127kcal，大幅減少了許多。

● 調理祕訣
用叉子戳洞，會更入味。因為腥味來自黃色的脂肪，須去除。

保存方法

先將多餘脂肪切除，一塊一塊或切一口大小，分一次使用的分量用保鮮膜包起來再放進冷凍用保鮮袋，壓出空氣後封口。（請參照P.10）

● 保存期間

| 冷藏 | 2～3天 | 冷凍 | 3週 |

有了雞腿肉！就可以做了！

1/2塊 → P.62

1塊 → P.42 P.43 P.44 P.47 P.48

P.48 P.50 P.51 P.52 P.53 P.54 P.56 P.56 P.59

P.61 P.61 P.62 P.63 P.64

2塊 → P.45 P.45 P.46 P.48 P.49 P.49 P.49 P.53

P.54 P.54 P.55 P.55 P.55 P.57 P.57 P.58 P.59

P.60 P.60 P.61 P.63 P.64

4塊 → P.52

下飯　一口接一口停不下來的蒜頭和奶油醬油的香味

蒜頭奶油炒雞腿肉馬鈴薯

調理時間 **20** 分

1人份 **487** kcal

（食譜提供：上島）

材料（2人份）

去骨雞腿肉⋯⋯⋯⋯⋯1塊
馬鈴薯⋯⋯⋯⋯⋯⋯⋯150g
蒜頭⋯⋯⋯⋯⋯⋯⋯⋯2瓣
鹽、胡椒⋯⋯⋯⋯⋯各適量
低筋麵粉⋯⋯⋯⋯⋯1大匙
酒⋯⋯⋯⋯⋯⋯⋯⋯1大匙
奶油⋯⋯⋯⋯⋯⋯⋯20g
A〔醬油、砂糖各1/2大匙〕

作法

1 馬鈴薯皮洗乾淨，依大小切2～4等分。蒜頭連皮縱切對半後再去除薄皮和芯。

2 雞腿肉切一口大小、去除多餘的脂肪，拿2張廚房紙巾包起來擦掉水分，撒上鹽、胡椒、低筋麵粉。

3 10g奶油、蒜頭放入平底鍋中，帶香味出來後將2的雞腿肉雞皮朝下放入，兩面煎到焦黃。加入馬鈴薯拌炒至表面透熟。接著將酒繞圈加入，蓋上蓋子轉小火，煮5～7分鐘煮到軟。

4 加入10g奶油和A拌炒至所有食材都均勻裹上即可。

1塊
（2人份）

辛香料的味道

清爽 多汁的雞肉做成中式料理

民族風蒸雞沙拉

調理時間 **15**分

1人份 **283** kcal

（食譜提供：檢見崎）

材料（2人份）

去骨雞腿肉 ······················1塊
薄薑片 ····························20g
蔥斜切薄片 ····················6～9g
松柳苗 ·······················1包（100g）
洋蔥（或新洋蔥）·············1/4顆
A〔鹽1/4小匙，酒1大匙〕
B〔1/2瓣蒜切蒜末，辣椒末少許，魚
　露2小匙，萊姆汁、蒸雞肉的湯
　汁各1大匙〕

作法

1 用**A**抓抹雞腿肉後**放入鍋中，接著再加
入薑和蔥**、60～70ml的熱水，蓋上蓋子
開火。煮滾後火稍微轉小一點，再蒸煮
8～9分鐘煮到熟。關火直接放涼。

2 松柳苗手撕容易入口長度，洋蔥切薄
片。

3 雞腿肉切容易入口大小，再和拌匀的
B、**2**拌在一起。

（P.S. 松柳苗可用其他蔬菜苗取代）

口感溫和的
沙拉醬

1塊
（2人份）

健康　將日式副菜的竹筍換上西式風味

烤雞竹筍沙拉

調理時間 **35**分

1人份 **543** kcal

（食譜提供：上島）

材料（2人份）

去骨雞腿肉 ························· **1塊**

竹筍（水煮） ····················· 1支

西洋菜（水田芥）切小段··· 2把

鹽、胡椒 ······················· 各適量

橄欖油 ···························· 1大匙

A〔美乃滋、鮮奶油各2大匙，蒜
　泥1小匙，西洋菜梗切粗末2
　大匙〕

作法

1 竹筍切8等分的月牙形。瀝掉水分撒上少許
的鹽、胡椒和1/2大匙的橄欖油。雞腿肉回
溫後擦去水分再撒上鹽、胡椒和1/2大匙的
橄欖油。

2 用已預熱烤箱，以180℃烤雞腿肉15分鐘，
接著再放入竹筍一起烤7～8分鐘。取出**雞
腿肉用2張鋁箔紙包起來，靜置15分鐘**。鋁
箔紙內的雞湯留著備用。

3 雞腿肉斜切容易入口的大小，和竹筍、西
洋菜拌在一起，最後淋上A和雞湯。

變成主菜！

1塊
（2人份）

44

活用雞肉的鮮甜美味做成醬汁

雞肉橄欖燉番茄

調理時間 **40**分

1人份 **354** kcal

（食譜提供：市瀨）

材料（4人份）

去骨雞腿肉 …… **2大塊（600g）**

鹽 …………………………… 1/2小匙

胡椒 ……………………………… 少許

洋蔥 …………………………… 1/2顆

蒜頭 …………………………… 1瓣

橄欖油 ………………………… 1/2大匙

A〔罐裝番茄1罐（400g），水
100ml，黑橄欖12個，百里香
（若有）4～5葉，彩椒粉1小
匙，鹽1/2小匙〕

作法

1 雞腿肉切大一點的一口大
小，撒上鹽、胡椒。

2 洋蔥切粗末，蒜頭切碎
末。

3 橄欖油倒入鍋中加熱，雞
腿肉雞皮朝下放入煎3～4
分鐘，煎到焦黃後再快炒
一下。

4 加入2，洋蔥炒到軟爛後再
加入A，用木鏟子將番茄
稍微搗碎一下。煮滾後轉
小火煮30分鐘，中間攪拌
1～2次即可。

鎖住美味

2塊
（4人份）

品嚐暖心的南瓜甜味

焗烤雞肉南瓜

調理時間 **30**分

1人份 **641** kcal

（食譜提供：市瀨）

材料（4人份）

去骨雞腿肉 …… **2小塊（400g）**

南瓜 …………………… 1/4大顆（400g）

洋蔥 …………………………… 1/2顆

玉米罐頭 …………… 1罐（190g）

鹽、胡椒 ………………… 各少許

低筋麵粉 ……………………… 5大匙

A〔牛奶800ml，鹽1/2小匙，胡
椒少許〕

B〔比薩用起司80g，麵包粉
（乾的）2大匙〕

奶油、橄欖油 ………… 各1大匙

作法

1 雞腿肉切小一點的一口大
小，撒上鹽、胡椒。

2 南瓜切一口大小，放入耐
熱皿中，鬆鬆地蓋上保鮮
膜微波（600W）加熱5分
30秒。

3 洋蔥縱切薄片，瀝掉玉米
罐裡的水分。

4 奶油、橄欖油倒入平底鍋
中加熱，加入洋蔥拌炒。
炒到軟爛後再放入雞腿肉
炒到肉變色，接著**加入低
筋麵粉炒到看不到粉**。

5 加入A拌勻後再放入南
瓜、玉米邊攪拌邊炒到變
稠狀，轉小火續煮7～8分
鐘。

6 倒入耐熱皿中撒上B，放入
預熱過的烤箱烤7～8分鐘
即完成。

熱呼呼&牽絲

2塊
（4人份）

雞腿肉

（健康） 雞肉在鍋底煎到雞皮酥酥脆脆的

雞腿肉沙拉

調理時間 **20**分

1人份 **412** kcal

（食譜提供：重信）

材料（4人份）

去骨雞腿肉 ···················· **2塊**

綠花椰菜 ····················· 1/2顆

馬鈴薯 ······················· 2個

紅葉萵苣 ····················· 3大片

紅洋蔥 ······················· 1/8顆

芝麻葉 ·········· 20g（2～3株）

A〔鹽、胡椒各適量〕

B〔黃芥末粒、伍斯特醬各1
　　大匙，美乃滋4大匙，醬油
　　1/2大匙，水1大匙〕

沙拉油 ······················ 1/2大匙

作法

1　雞腿肉去筋，用**A**抓勻。馬鈴薯帶皮
　　洗淨，用保鮮膜包起來微波（600W）
　　加熱3分鐘，上下翻面後再加熱2分
　　鐘。削皮、切1.5公分厚的半月形。綠
　　花椰菜分小朵，放入加了鹽（分量
　　外）的滾水中汆燙、瀝掉水分。手撕
　　紅葉萵苣，紅洋蔥切薄片，芝麻葉切
　　3公分、泡一下水、瀝掉水分。將**B**拌
　　勻。

2　沙拉油倒入平底鍋中開弱中火加熱，
　　**雞腿肉的雞皮朝下放入，用鍋鏟邊壓
　　著邊煎3～4分鐘**。煎到雞皮酥脆後再
　　翻面，轉小火煎到熟。稍微放涼後切
　　大一點的一口大小。

3　先將蔬菜盛盤再放上**2**，最後淋上拌
　　勻的**B**。

和熱呼呼的馬鈴薯
超對味

2塊
（4人份）

46

滿滿的肉汁

（便宜） 多一道工夫預先調味，冷了一樣美味

炸雞

調理時間 **30** 分

1人份 **452** kcal

（食譜提供：牛尾）

材料（2人份）

去骨雞腿肉 ············**1塊**（300g）

鹽 ························1/4小匙

胡椒 ·······················少許

A〔醬油2大匙，味醂、酒、現磨
　薑汁各1/2大匙〕

片栗粉 ······················3大匙

油炸用油 ·····················適量

萵苣 ························適量

檸檬（切月牙形）········1/4顆的量

作法

1 雞腿肉切一口大小，撒上鹽、胡椒。用拌勻
的A醃15～30分鐘。

2 瀝掉醬汁，再用片栗粉抓抹，放入160度的油
鍋中，**慢慢地加熱油溫炸7分鐘，炸到酥脆**
（或是先將肉拿出來待溫度上升後再炸第二
次也行）。

3 盛盤，旁邊放上萵苣、檸檬即可。

雞腿肉

發揮咖哩粉的功能

2塊
（4人份）

下飯 飄著魚露香的泰式副菜

椰奶燉雞肉

調理時間 **15**分

1人份 **450** kcal

（食譜提供：牛尾）

材料（4人份）

去骨雞腿肉··············**2塊**
杏鮑菇················2根
櫛瓜·················1條
小番茄···············12顆
雞高湯··············600ml
椰奶··············300ml
A〔咖哩粉、魚露、鹽各1
　小匙，胡椒少許〕

作法

1 雞腿肉切一口大小，杏鮑菇、櫛瓜切1.5公分厚的半月形，小番茄去蒂頭。

2 雞高湯倒入鍋中加熱，然後加入雞腿肉、杏鮑菇、櫛瓜煮5分鐘。

3 加入椰奶、小番茄拌勻，煮滾後加入A再煮一下。盛盤，可依個人喜好放上九層塔葉。

滿口都是雞腿肉的美味

1塊
（2人份）

快速 山椒的辣味很爽口

蔥炒山椒雞腿肉

調理時間 **7**分

1人份 **491** kcal

（食譜提供：檢見崎）

材料（2人份）

去骨雞腿肉····**1塊（200g）**
蔥·················2根
A〔鹽少許，山椒粉1小匙，
　酒1大匙〕
鹽·················少許
山椒粉···············少許
沙拉油··············1/2大匙

作法

1 雞腿肉去筋、去除多餘脂肪，切1公分厚的斜片後再切一口大小，用A抓勻。蔥切1公分斜片。

2 平底鍋熱鍋後倒入沙拉油，加入雞腿肉開大火炒熟。接著加入蔥拌炒，待蔥軟後再撒上鹽、山椒粉。

用蒟蒻降熱量

1塊
（4人份）

健康 和蒟蒻一起煎，美味滿點

照燒雞腿肉蒟蒻芝麻味噌

調理時間 **15**分

1人份 **272** kcal

（食譜提供：市瀨）

材料（4人份）

去骨雞腿肉··· **1大塊（300g）**
蒟蒻（已先燙過）········2塊
A〔蒜泥1/2小匙，味噌、味醂
　各3大匙，酒、芝麻各1大
　匙〕
沙拉油··············1大匙
京水菜··············適量

作法

1 雞腿肉去除多餘的脂肪後切8等份。蒟蒻的兩面切格子狀後再切一口大小。

2 將A拌勻。

3 沙拉油倒入平底鍋內以中強火加熱，雞腿肉的雞皮朝下放入，同時也放入蒟蒻，煎5～6分鐘煎到焦黃，上下翻面再以小火煎2分鐘。

4 加入**2**，轉大火讓醬汁包裹在食材上。盛盤，旁邊放切4公分長的京水菜。

2塊
（4人份）

即使吃飽飽，
醣質也off

下飯　絕品的柔滑酪梨醬！

雞腿排酪梨醬

調理時間 **15**分

1人份 **390**kcal

（食譜提供：牛尾）

材料（4人份）

去骨雞腿肉 ··················**2塊**
酪梨 ···························1/2顆
蒜頭 ····························1瓣
鹽 ·····························適量
胡椒 ····························少許
A〔洋蔥切碎末、美乃滋各
　 2大匙，現榨檸檬汁2小
　 匙〕
散葉萵苣 ·······················適量

作法

1　雞腿肉切一半，雞皮用叉子戳幾下，撒
　 上1/2小匙鹽、胡椒。

2　平底鍋中不加油直接加熱，雞腿肉的雞
　 皮朝下放入，接著放入蒜頭。**利用鍋蓋
　 邊壓著肉邊煎到兩面焦黃。**

3　酪梨放入調理晚鐘，用叉子搗碎，加入
　 A拌勻，再以少許的鹽調味。

4　將2盛盤，旁邊放上散葉萵苣，加入3即
　 可。

下飯　蒜頭和辣椒粉的刺激，一口接一口

辣烤雞腿肉

調理時間 **45**分

1人份 **353**kcal

（食譜提供：岩崎）

材料（4人份）

去骨雞腿肉 ··················**2大塊**
鹽 ·····························3/4小匙
胡椒 ····························少許
A〔1/2瓣蒜磨蒜泥，番茄醬4
　 大匙，辣椒粉1大匙，橄欖
　 油2小匙，奧勒岡葉（若
　 有）少許〕

作法

1　雞腿肉厚薄均一地橫著片開，雞皮用
　 叉子戳幾下，撒上鹽、胡椒。

2　將A拌勻。

3　**1**均勻地裹上**2**，室溫放置30分鐘。

4　放入預熱220度的烤箱烤10分鐘，取
　 出切成容易入口大小即完成。

依個人喜好調
整辣度

2塊
（4人份）

下飯　香味四溢的雞腿肉加上滿滿香氣的醬汁

咖哩蠔油照燒雞

調理時間 **20**分

1人份 **345**kcal

（食譜提供：市瀨）

材料（4人份）

去骨雞腿肉 ···2大塊（600g）
彩椒（紅） ·················1個
A〔蠔油、醬油各1.5大匙，
　 酒1大匙，咖哩粉1小
　 匙，砂糖1/2小匙〕
沙拉油 ·····················1/2大匙

作法

1　雞腿肉去除多餘脂肪，切一半，彩椒去
　 蒂及籽切一口大小。

2　將A拌勻。

3　沙拉油倒入平底鍋中加熱，彩椒快炒一
　 下取出備用。雞腿肉的雞皮朝下放入煎
　 5分鐘，煎到焦黃後上下翻面，蓋上蓋
　 子轉小火燜煎4分鐘。**擦去多餘的油，
　 加入A讓醬汁包裹在食材上。**切容易入
　 口的大小，盛盤，放入彩椒。

2塊
（4人份）

微微的辣

雞腿肉

裏上濃稠起司

1塊
（2人份）

下飯　甜甜的醬&起司的絕妙組合！下飯也下酒

起司辣炒雞

調理時間**20**分

1人份**843**kcal

（食譜提供：牛尾）

材料（2人份）

去骨雞腿肉 ·················· **1塊**

油豆腐 ······························ 1塊

高麗菜 ··························· 200g

洋蔥 ·························· 1/2顆

番茄 ······························ 1個

鹽 ······························· 少許

A〔韓國辣椒醬2大匙，醬
油、酒各1大匙，砂糖2/3大
匙，蒜泥1瓣的量，薑泥
10g〕

B〔比薩用起司100g，片栗粉
1/2大匙，牛奶100ml〕

芝麻油 ·························· 2小匙

作法

1. 雞腿肉切一口大小，撒上鹽、抹上拌勻的**A**。

2. 油豆腐一口大小，高麗菜切3公分。洋蔥、番
茄切月牙形。

3. 芝麻油倒入平底鍋中加熱，雞腿肉連同醬汁一
起加入鍋中，轉中火煎。表面熟了之後再加入**2**
拌一下，蓋上蓋子，以小火～中火燜煎10分
鐘。

4. 將**B**放入耐熱調理碗中拌勻，蓋上保鮮膜微波
（600W）加熱2分鐘，取出拌勻。

5. 將**3**的食材撥到平底鍋的周邊，空出中間位置，
倒入**4**，即可裹著食用。

便宜 　燜煎的茄子，口感！

雞肉茄子咖哩

調理時間 **35** 分

1人份 **809** kcal

（食譜提供：大庭）

材料（2人份）

去骨雞腿肉 ‥‥‥‥**1塊（250g）**

茄子‥‥‥‥‥‥‥‥‥‥‥ 5個

番茄‥‥‥‥‥‥‥‥‥‥‥ 1顆

A〔1顆洋蔥切碎末，1瓣蒜切
　蒜末〕

鹽、咖哩粉‥‥‥‥‥ 各適量

紅辣椒‥‥‥‥‥‥‥‥‥‥ 1支

沙拉油‥‥‥‥‥‥‥‥‥ 3大匙

熱呼呼的白飯‥‥‥‥‥‥ 2碗

作法

1 雞腿肉切2.5公分塊狀，放入調理碗中，加入少許鹽、1小匙咖哩粉拌勻。番茄橫切對半、去籽再切1公分塊狀。

2 將1大匙沙拉油倒入鍋中轉中火加熱，加入A炒到稍微變色。接著加入雞肉拌炒，炒到雞腿肉變色後加入1.5～2大匙咖哩粉和紅辣椒一起拌炒。加入番茄、2/3小匙鹽，水

300ml，煮滾後轉小火，蓋上蓋子煮15分鐘。

3 茄子切掉蒂頭再縱切對半，然後橫切2公分厚。2大匙沙拉油倒入平底鍋中加熱，加入茄子炒。茄子都裹上油後蓋上蓋子，邊拌炒邊燜煎3～4分鐘。加入2，蓋上蓋子轉小火煮5分鐘。淋在已盛盤的白飯上。

適合夏天吃

1塊
（2人份）

51

雞腿肉

也適合招待客人

4塊
（4人份）

感覺有點倦怠
時也可食用

1塊
（2人份）

下飯　橙的澀酸甜讓味道更深厚

橙汁雞腿肉

調理時間 **65**分
1人份 **654** kcal
（食譜提供：minakuchi）

材料（4人份）

去骨雞腿肉……………………………**4塊**
洋蔥切薄片……………………………1顆
蒜末………………………………1瓣的量
檸檬（切圓片）……… 1/2顆的量
現榨橙汁（或100%柳橙果汁）·
　300ml
高湯塊……………………………2塊
白葡萄酒……………………………300ml
奶油……………………………2大匙
鹽、胡椒……………………………各適量
荷蘭芹切末……………………………適量

作法

1　雞皮用叉子戳幾下，排在
　調理盤中。撒上鹽、胡
　椒，**加入橙汁靜置30分
　鐘～1小時。**

2　奶油放入已預熱的鍋中，
　接著加入蒜和洋蔥拌炒，
　炒到洋蔥軟爛，雞腿肉稍
　微瀝一下橙汁後再放入鍋
　中，開中強火煎。煎到焦
　黃後上下翻面，兩面都要
　煎到焦黃。倒出橙汁。

3　加入水200ml、高湯塊、橙
　汁、白葡萄酒煮15～20分
　鐘。接著加入檸檬煮2～3
　分鐘，再撒上一點點鹽、
　胡椒。

4　連同湯汁一起盛盤，最後
　撒上西洋芹末。

健康　小茴香的香與粒粒分明的燕麥，
　　　誘惑著你的食欲

雞肉薏仁沙拉

調理時間 **30**分
1人份 **377** kcal
（食譜提供：牛尾）

材料（2人份）

去骨雞腿肉……1小塊（150g）
燕麥……………………………4大匙
綜合豆（水煮）……………60g
南瓜……………………………100g
紅洋蔥……………………………1/4顆
芝麻葉……………………………30g
小茴香籽……………………………1小匙
橄欖油……………………………1大匙
A〔酒醋1大匙、鹽1/3小匙，
　胡椒少許〕

作法

1　雞腿肉切小一點的一口大
　小，南瓜切1公分塊狀。燕麥
　稍微洗一下。

2　**燕麥放入鍋中，水多加一
　些，開大火煮。**煮滾後轉中
　火再煮10分鐘，接著加入雞
　腿肉、南瓜再煮3分鐘，倒在
　漏網上瀝掉水分、放涼。

3　紅洋蔥切1公分塊狀，芝麻葉
　切1.5公分段。

4　小茴香籽、橄欖油加入平底
　鍋中加熱拌炒，炒到香味出
　來後關火，加入A拌勻。

5　將2、3放入調理碗中，加入
　綜合豆和4拌勻即完成。

融入湯汁中的鮮美滋味全喝光光

鹽煮雞肉櫛瓜鷹嘴豆

調理時間 **30**分
1人份 **389** kcal
（食譜提供：牛尾）

材料（2人份）

去骨雞腿肉	**1塊（200g）**
櫛瓜	1/2條
鷹嘴豆（水煮）	100g
洋蔥	1/4顆
杏鮑姑	1根
蒜頭	1瓣
白葡萄酒	50ml
A〔月桂葉1片、迷迭香（葉片）1枝，高湯粉1小匙〕	
鹽、胡椒	少許
起司粉	1大匙
橄欖油	2小匙

作法

1 雞腿肉切一口大小，撒上少許的鹽、胡椒。

2 洋蔥切1.5公分塊狀，櫛瓜、杏鮑菇切1.5公分厚的片狀。蒜頭切末。

3 橄欖油、蒜末倒入鍋中加熱拌炒，炒到香味出來依序加入**1**、洋蔥、櫛瓜、杏鮑菇、瀝掉水分的鷹嘴豆拌炒。**倒入白葡萄酒煮滾**，煮滾後加入淹過食材的水、**A**，轉中小煮10分鐘。

4 最後再以1/3小匙的鹽、胡椒調味。撒上起司粉。

吃進心頭裡的美味

1塊
（2人份）

重點在奶油燉湯中的酸味

雞肉番茄奶油湯

調理時間 **20**分
1人份 **511** kcal
（食譜提供：岩崎）

材料（4人份）

去骨雞腿肉	**2塊**
洋蔥	1顆
胡蘿蔔	1根
蕪菁	3顆
蘑菇	8朵
番茄罐頭（切片的）	300
鹽	1/4小匙
胡椒	少許
A〔水600ml，雞湯塊1塊，月桂葉1片〕	
B〔鮮奶油100ml，鹽1/2小匙，胡椒少許〕	
橄欖油	1大匙

作法

1 雞腿肉切一口大小，撒上鹽、胡椒。洋蔥切月牙形，胡蘿蔔切圓片，蕪菁切4等份，蘑菇縱切對半。

2 橄欖油倒入鍋中加熱，加入雞腿肉拌炒，接著再放入洋蔥、胡蘿蔔、蕪菁、蘑菇拌炒。加入**A**、蓋上蓋子，煮滾後轉小火煮約10分鐘。

3 加入番茄罐頭煮4～5分鐘，最後加入**B**再煮滾。

最後再加鮮奶油

2塊
（4人份）

雞腿肉

餘味&鮮甜

2塊
（4人份）

健康 融入白菜中的雞腿肉美味

雞肉煮白菜

調理時間 **20**分

1人份 **438** kcal

材料（4人份）

去骨雞腿肉 ················· **2塊**
白菜 ···························· 1/4顆
洋蔥 ···························· 1顆
A〔味噌3大匙，白葡萄酒
200ml，2瓣蒜磨蒜泥，白
芝麻2大匙，鹽1/3小匙〕

作法　（食譜提供：牛尾）

1 雞腿肉切一口的大小，白菜切3～4公
分。

2 洋蔥磨泥，和A拌在一起。

3 **依序將白菜、雞腿肉放入鍋中，2**繞
著倒入，蓋上蓋子蒸煮10～15分鐘。

番茄的酸味很
爽口

2塊
（4人份）

清爽 勾起你食欲的義式醬

香煎雞肉佐鮮香醬

調理時間 **20**分

1人份 **388** kcal

材料（4人份）

去骨雞腿肉 ················· **2大塊**
番茄 ···························· 1/2顆
A〔紅椒1/2顆切小口，1/4瓣蒜
磨蒜泥，醬油1.5大匙，醋
2小匙〕
鹽 ···························· 1/4小匙
胡椒 ························· 少許
橄欖油 ······················ 1小匙
細蔥（切蔥花）············· 4支

作法　（食譜提供：岩崎）

1 厚薄均一地將雞腿肉從厚的地方切
開，撒上鹽、胡椒。橄欖油倒入平底
鍋中加熱，雞皮朝下放入，以小～中
火煎5分鐘，煎到焦黃色後再上下翻
面煎到熟。**稍微放涼再切一口大小，**
盛盤。

2 番茄切塊，和A一起拌勻再淋在1
上，最後撒上蔥花。

1塊
（4人份）

酥脆&多汁

下飯 簡單的炸雞和香味四溢的沾醬超搭

炸雞腿肉

調理時間 **20**分

1人份 **209** kcal

材料（4人份）

去骨雞腿肉 ················· **1大塊**
鹽、胡椒、片栗粉···各適量
小黃瓜 ························· 2條
A〔蒜末、醋各2大匙，鹽
少許，豆瓣醬1/2小匙〕
油炸用油 ····················· 適量

作法　（食譜提供：夏梅）

1 **雞腿肉去除多餘的脂肪**，撒上鹽、胡椒
調味，接著再撒上片栗粉。

2 油炸用油加熱到180度，雞腿肉炸5分鐘
後再上下翻面炸2分鐘。

3 小黃瓜切薄片，撒上鹽，待小黃瓜軟並
出水後洗淨，瀝掉水分、盛盤。

4 雞腿肉切容易入口大小，最後要淋上拌
勻的**A**即完成。

多汁又美味

2塊
（4人份）

下飯 炸了之後再煮就會相當入味

炸煮雞肉茄子

調理時間 **20**分

1人份 **553** kcal

（食譜提供：大庭）

材料（4人份）

去骨雞腿肉 ················ **2塊**

茄子 ···················· 8顆

片栗粉 ················ 少許

高湯 ············· 260～270ml

A〔酒、味醂、醬油各4大
　匙，砂糖1大匙，紅辣椒
　（切對半去籽）2支〕

油炸用油 ············ 適量

作法

1 雞腿肉去除多餘的脂肪，切3～4公分塊
狀。茄子削縱向紋路，每顆切3等份的
滾刀塊。

2 高溫加熱油炸用油，加入茄子炸2～3分
鐘炸到軟，瀝油。

3 雞腿肉撒上薄薄的片栗粉，以大火炸
2～3分鐘直到熟透，撈出、瀝油。

4 高湯倒入鍋中煮開，加入A。**再次煮
滾，接著加入2、3煮5～6分鐘。**

2塊
（4人份）

柚子胡椒
的辣味

便宜 預先調味後再烤

烤柚子胡椒雞腿肉

調理時間 **20**分

1人份 **265** kcal

（食譜提供：武藏）

材料（4人份）

去骨雞腿肉 ················ **2塊**

A〔酒2大匙，柚子胡椒1～
　2小匙，鹽²∕₃小匙〕

嫩菜葉 ················ 適量

作法

1 **將A拌勻後抓醃雞肉。**

2 雞腿肉的雞皮朝下放入烤箱中，以
180℃一面烤7～8分鐘後翻面再烤4～5
分鐘（兩面共烤9～10分鐘）到熟透。

3 切容易入口大小、盛盤，旁邊放嫩菜葉
即可。

2塊
（4人份）

濃郁的奶油味
帶點辣

下飯 香味加上奶油醬，美味倍增

香煎雞肉佐黃芥末粒奶油醬

調理時間 **15**分

1人份 **382** kcal

（食譜提供：上島）

材料（4人份）

去骨雞腿肉·**2塊（500g）**

鹽 ···················· ²∕₃小匙

白胡椒 ················ 少許

A〔鮮奶油100ml，黃芥末
　粒1大匙〕

橄欖油 ················ 1小匙

西洋菜（水田芥）··· 適量

作法

1 雞腿肉切對半，接著**厚薄均一地將雞腿肉
從厚的地方切開**。雞皮用叉子戳幾下，拿
廚房紙巾擦掉多餘水分，撒上鹽、胡椒。

2 橄欖油倒入平底鍋中加熱，雞皮朝下煎，
煎到焦黃再上下翻面煎4～5分鐘，直到全
熟。

3 加入**A**煮滾後放入雞腿肉，雞腿肉全裹上
A後取出盛盤。

4 鍋中的醬煮到濃稠後淋在**3**上面，旁邊放
西洋菜即可。

大人小孩都
愛吃！

1塊
（2人份）

下飯　番茄醬的甜以及恰如其分的辣

韓式炸雞

調理時間 **20**分
1人份 **478** kcal
（食譜提供：牛尾）

材料（2人份）
去骨雞腿肉 …… **1塊（300g）**
鹽、胡椒 ……………………… 少許
低筋麵粉 …………………… 2大匙
A〔韓國辣椒醬1.5大匙，番茄
　醬1大匙，醬油、酒各1/2大
　匙，砂糖1/4大匙，芝麻
　油、白芝麻、蒜泥各1/2小
　匙〕
油炸用油 …………………… 適量
紅葉萵苣 …………………… 適量

作法
1 將A拌勻。
2 雞腿肉切一口大小，用鹽、
　胡椒抓醃。撒上低筋麵粉，
　放入加熱到160度的油鍋中，
　慢慢地提高溫度炸7分鐘左
　右，炸到酥脆。
3 瀝油，放入1拌勻。
4 盛盤，旁邊放紅葉萵苣即
　可。

人氣料理

1塊
（2人份）

下飯　在家也能做韓國料理的春川辣炒雞

韓式辣炒
雞腿肉馬鈴薯

調理時間 **20**分
1人份 **472** kcal
（食譜提供：檢見崎）

材料（2人份）
去骨雞腿肉 …………………… **1塊**
馬鈴薯 ……………… 2顆（150g）
洋蔥 ……………………………… 1/2顆
A〔韓國辣椒醬、砂糖、醬
　油、酒、芝麻油各1大匙，
　辣椒粉、蒜泥各少許，白
　芝麻1.5大匙，10公分蔥切
　蔥花〕
青紫蘇葉 …………………… 5片

作法
1 雞腿肉切0.5～0.6公分厚的一
　口大小斜片，用A抓勻。
2 馬鈴薯切0.5～0.6公分厚的圓
　片，洋蔥切薄片。
3 中火加熱平底鍋，加入1拌
　炒。帶肉變色後再加入2拌
　炒一下，蓋上蓋子燜3分鐘。
4 **馬鈴薯熟了之後掀蓋，轉大**
　火拌炒到收汁，放入手撕紫
　蘇葉。

蒟蒻雞肉代替冬粉牛肉

韓式炒雞肉蒟蒻絲

調理時間 **15** 分

1人份 **285** kcal

（食譜提供：牛尾）

材料（4人份）

去骨雞腿肉……… **2小塊（400g）**

蒟蒻絲…………………………400g

菠菜………………………………300g

香菇………………………………6朵

蔥…………………………………1支

A〔蒜頭1瓣切絲、薑15g切絲，
　　豆瓣醬1/2～1小匙〕

B〔白葡萄酒2大匙，醬油、味
　　噌各1大匙，鹽1/3小匙〕

芝麻油……………………………1大匙

作法

1 雞腿肉切小的一口大小。

2 菠菜放入加了少許鹽（分
量外）的熱水中快速汆
燙，瀝掉水分，切3公分
段。香菇切薄片，蔥先切
對半再切斜薄片。

3 加熱平底鍋，**乾炒蒟蒻
絲**。炒到沒水分且Q軟時再
繞著加入芝麻油、**1**和**A**一
起拌炒。

4 肉炒熟後加入菠菜、香
菇、蔥拌炒，最後再加入**B**
拌勻。

醣質off&
節省食材費

2塊
（4人份）

以醣質低的凍豆腐麵衣減醣

炸雞酪梨沙拉

調理時間 **40** 分

1人份 **503** kcal

（食譜提供：牛尾）

材料（4人份）

去骨雞腿肉………………… **2塊**

凍豆腐………………………… 2塊

酪梨………………………… 1大顆

荷蘭芹………………………… 5g

洋蔥（或可用沙拉洋蔥或紅
　洋蔥等較溫和不辛辣的洋
　蔥）……………………… 1/2顆

鹽、胡椒…………………… 各少許

萵苣………………………… 4片

A〔橄欖油、現榨檸檬汁各2
　小匙，鹽1/3小匙，胡椒少
　許〕

沙拉油……………………… 適量

作法

1 雞腿肉用叉子戳幾下，切對
半，撒上鹽、胡椒。

2 **凍豆腐捏碎泥，加入1壓緊
實。**

3 平底鍋中倒入1公分深的沙拉
油加熱，加入**2**炸4分鐘，炸
到焦黃後上下翻面，兩面共
煎8分鐘左右。

4 酪梨切1公分塊狀，荷蘭芹切
碎末，洋蔥切4等分後再切薄
片。

5 將**A**拌勻後加入**4**拌勻。

6 萵苣和**3**擺盤，淋上**5**即完
成。

高蛋白質
×低醣質

2塊
（4人份）

主角級的沙拉

2塊
（4人份）

下飯　煎到焦脆的雞肉一口接一口

雞肉沙拉

調理時間 **25**分

1人份 **313** kcal

（食譜提供：石澤）

材料（3〜4人份）

雞腿肉	2塊（450g）
紅葉萵苣	3片
嫩菜葉	1包（40g）
番茄	1小顆
四季豆	100g（1袋）
A〔洋蔥泥2大匙，黃芥末醬	
1/2小匙，醋1大匙，鹽1/3小	

匙，胡椒少許〕

鹽	適量
胡椒	少許
現榨檸檬汁	2小匙
橄欖油	2大匙
沙拉油	適量

作法

1 雞腿肉先用1/3小匙鹽、胡椒預先調味。**雞皮朝下放入加熱了沙拉油的平底鍋中，以小火煎。**雞皮煎到焦黃後再上下翻面，肉面煎到熟。

2 紅葉萵苣洗淨後手撕一口大小，和嫩菜葉一起泡在冷水裡10分鐘後瀝掉水分再放入冰箱冷藏。番茄切月牙形。四季豆切3公分段，用鹽水汆燙後再放入冷水中，瀝掉水分。

3 將**A**放入調理碗中拌勻，接著再加入橄欖油、檸檬汁拌勻，做成沙拉醬。

4 將**2**盛盤，上面再放切1公分厚斜片的雞腿肉，淋上**3**。

乾煎蒜香雞肉

調理時間 **30**分
1人份 **597**kcal
（食譜提供：夏梅）

2塊
（2人份）

胃口正好時也
很適合

材料（2人份）

雞腿肉	**2塊**
馬鈴薯	1顆
蒜頭	2瓣
鹽、胡椒	少許

A〔奶油20g，醬油2大匙，胡椒
　少許〕

沙拉油 1/2大匙

作法

1　雞腿肉筋的部分與筋呈直
　角淺淺地切3～4刀，用菜
　刀前端戳幾下雞皮。再以
　鹽、胡椒預先調味靜置10
　分鐘，10分鐘後雞腿肉會
　出水，再拿廚房紙巾擦掉
　水。馬鈴薯帶皮洗淨，再
　均切8等分月牙形。蒜頭切
　對半。

2　沙拉油倒入平底鍋中加
　熱，雞皮朝下放入，馬鈴
　薯、蒜頭放在一旁。**蓋上
　蓋子燜煎10分鐘**，煎到馬
　鈴薯上色了再連同雞腿肉
　一起上下翻面，再燜煎3～
　4分鐘。

3　雞腿肉切容易入口大小，
　馬鈴薯、蒜頭盛盤。

4　將A加入平底鍋中開火，
　奶油融化後即可關火。淋
　在3的雞肉上，若有荷蘭芹
　末可撒在雞肉上。

雞肉蔬菜燉番茄

調理時間 **35**分
1人份 **553**kcal
（食譜提供：Mako）

1塊
（2人份）

麵包沾著吃
也好吃

材料（2人份）

雞腿肉	**1塊**
櫛瓜	1條
洋蔥	1/2顆
彩椒（黃色）	1/2顆
芹菜	1根
蒜頭	2瓣
黑橄欖	12顆

A〔高湯塊1塊，番茄罐頭
　（切片的）1罐，水
　250ml，彩椒粉2小匙，
　月桂葉2片，砂糖1小匙
　再少一點〕

鹽、胡椒 各適量
橄欖油 適量

作法

1　雞腿肉切8等份。櫛瓜切1.5公
　分厚圓片，洋蔥切1.5公分厚。
　彩椒、芹菜切一口大小。

2　1大匙橄欖油、拍扁的蒜頭加入
　平底鍋中加熱，雞皮朝下放
　入。**煎到焦黃且油脂出來後再
　上下翻面**，加入其他的**1**一起
　拌炒。

3　撒上**2**撮鹽、胡椒，加入**A**、彩
　椒粉，蓋上蓋子煮20分鐘。最
　後再以鹽、胡椒調味就可盛
　盤。淋上橄欖油，若有芹菜葉
　可放上幾片裝飾。

59

\ 奢華西洋風 /

2塊
（2人份）

健康　一道可同時攝取蛋白質和維生素的料理

香煎雞肉沙拉

調理時間 **30** 分

1人份 **394** kcal

（食譜提供：大庭）

材料（2人份）

雞腿肉	**2塊（500g）**
蘿蔓	1顆
洋蔥	1/2顆
番茄	1大顆
鹽	1/2小匙
胡椒	少許
法式沙拉醬	100ml
沙拉油	少許

作法

1 雞腿肉兩面都撒上鹽、胡椒，靜置5分鐘。

2 平底鍋中加入一點點沙拉油，雞皮朝下放入，**雞腿肉上面蓋一個小一點的鍋蓋燜煎5～6分鐘後翻面再煎4～5分鐘**，直到熟透。

3 蘿蔓縱切對半後再切容易入口大小。洋蔥橫著切薄片。

4 番茄切2公分塊狀。

5 將3一起泡在冷水中，泡到清脆後瀝掉水分。

6 將5、4、切容易入口大小的2盛盤，淋上法式沙拉醬拌勻。

\ 燜煎出鬆軟口感 /

2塊
（4人份）

下飯　既健康又能依自己喜好選擇食材

比薩風雞肉

調理時間 **20** 分

1人份 **310** kcal

（食譜提供：吉田）

材料（4人份）

雞腿肉	**2塊**
番茄	1顆
青椒	1顆
洋蔥	1/4顆
鹽、胡椒	各少許
橄欖油	1大匙
白葡萄酒（或清酒）	2大匙
番茄醬	適量
比薩用起司	50g

作法

1 雞腿肉切對半，為使雞腿肉容易熟，從厚的地方切入，撒上鹽、胡椒。洋蔥切薄片，番茄、青椒切薄圓片。

2 橄欖油倒入平底鍋中加熱，雞皮朝下放入，煎3～4分鐘。煎到焦黃後上下翻面，兩面都煎到焦黃。

3 雞皮面塗滿番茄醬。

4 依序放上洋蔥、番茄、青椒，**淋上白葡萄酒、撒上起司，蓋上蓋子**。燜煎3～4分鐘煎到熟，起司融化後關火，直接盛盤別弄散了。

營養滿點的
一道料理

（健康） 奶油和柚子胡椒竟然這麼對味

雞腿肉綠花椰菜
燉煮柚子胡椒奶油

調理時間 **30** 分

1人份 **604** kcal

（食譜提供：岩崎）

材料（2人份）

雞腿肉 ·····················**1塊**

綠花椰菜 ·················120g

馬鈴薯 ·····················2顆

鹽 ·························適量

胡椒 ·······················少許

A〔高湯塊1/4塊，水100ml，
　　酒1大匙〕

B〔鮮奶油100ml，柚子胡椒
　　1/2小匙〕

淡口醬油 ·················1小匙

沙拉油 ·····················1小匙

作法

1　馬鈴薯切月牙形泡水，瀝掉水分。綠花
　椰菜分大朵。雞肉切一口大小，撒上少
　許鹽、胡椒。

2　沙拉油倒入鍋中加熱，放入雞腿肉拌
　炒。加入馬鈴薯、**A**，蓋上蓋子，煮滾
　後轉小火煮10分鐘。

3　加入綠花椰菜再煮10分鐘，**加入B拌
　勻，煮滾後加入淡口醬油、鹽調味。**

1塊
（2人份）

薑的清爽
滋味

（健康） 充滿鮮醇味的高湯

雞肉燉茄子

調理時間 **35** 分

1人份 **254** kcal

（食譜提供：檢見崎）

材料（4人份）

雞腿肉 ·············**2塊（400g）**

茄子 ···············4顆（400g）

A〔醬油、味醂、現磨薑汁
　　各1大匙〕

B〔高湯400ml，酒2大匙，
　　味醂1大匙，鹽、胡椒各
　　1小匙〕

作法

1　雞腿肉切一口大小的斜片，用A抓醃10
　分鐘。

2　**茄子去皮、切細條紋後先縱切對半，再
　直切對半。**

3　將**B**倒入鍋中開大火，煮滾後加入雞
　肉。再次煮滾後轉中火，撈掉泡沫，蓋
　上落蓋煮10分鐘。

4　加入茄子煮10～15分鐘，茄子煮軟後連
　同湯汁一起盛盤。

2塊
（4人份）

1塊
（2人份）

豆芽菜讓量
變多了！

（便宜） 榨菜的鹹味讓你停不下筷

炒雞肉豆芽菜榨菜

調理時間 **15** 分

1人份 **321** kcal

（食譜提供：Danno）

材料（2人份）

雞腿肉 ···········**1塊（250g）**

豆芽菜 ···········1袋（200g）

榨菜（鹹的）···············100g

醬油 ·······················2小匙

胡椒 ·······················適量

芝麻油 ·····················1/2大匙

作法

1　雞腿肉切小口，榨菜切粗塊。

2　芝麻油倒入平底鍋中加熱，加入榨菜炒
　1～2分鐘，接著放入雞肉炒熟。

3　**開大火，加入豆芽菜**，將豆芽菜炒軟了
　後再把醬油繞圈倒入，最後以胡椒調
　味。

天婦羅花讓
味道更濃郁

1/2塊
（2人份）

便宜　盛在飯上就成了口感十足的親子丼

雞肉天婦羅花炒蛋

調理時間 **15**分

1人份 **284** kcal

（食譜提供：瀬尾）

材料（2人份）

雞腿肉 ·························· 1/2塊
天婦羅花 ···················· 3大匙
蛋 ······························· 2顆
洋蔥 ··························· 1/2顆
麵味露（麵味露1：熱水9的
　　濃度）················· 100ml
山芹菜（切3～4公分）·· 少許

作法

1 雞腿肉切1.5公分塊狀。洋蔥切0.7公分厚。雞蛋打散。

2 雞腿肉、洋蔥、麵味露加入小一點的鍋中，開中火煮滾。待肉變色後撒上天婦羅花、蛋液繞著圈倒入，蓋上蓋子。

3 約30秒後**蛋呈半熟狀態時關火，燜10秒**。盛盤，放上山芹菜。

只用平底鍋！

1塊
（2人份）

下飯　以燜煎的方式簡單就能做的辛香料理

雞腿肉高麗菜
印度烤雞風

調理時間 **20**分

1人份 **371** kcal

（食譜提供：小林）

材料（2人份）

雞腿肉 ·················· 1塊（250g）
高麗菜 ················· 1/4顆（300g）
彩椒（紅色）············· 1/2顆
A〔原味優格50ml，蒜泥1小
　匙，咖哩粉2小匙，醬油1大
　匙，番茄醬2大匙，鹽1/3小
　匙，橄欖油1/2小匙〕

作法

1 雞腿肉去筋和脂肪後切一口大小。將A加入調理碗中拌勻，放入雞腿肉抓醃，室溫靜置20分鐘（時間充裕的話可先冷藏2小時，料理前再取出放室溫20分鐘）。

2 高麗菜切一口大小。彩椒去蒂頭和籽，縱切對半後再縱切1公分寬。

3 高麗菜平鋪在平底鍋中，上面再放上彩椒，**將1連汁一起加入，把肉均勻分散**。蓋上蓋子開大火，蒸氣冒出後轉小火，燜煎12分鐘。

祕訣在雞皮朝下壓著煎

香煎雞腿肉佐洋蔥薑醬

調理時間 **25**分

1人份 **338** kcal

（食譜提供：牛尾）

材料（2人份）

雞腿肉……………………**2塊**

鹽、胡椒………………各少許

A〔洋蔥泥3大匙，薑泥15g，蒜泥1瓣的量〕

B〔白葡萄酒醋1大匙，醬油、味醂各2大匙〕

水菜……………………100g

橄欖油……………………1小匙

作法

1 雞腿肉切對半，用叉子在雞皮上戳幾下，撒上鹽、胡椒。

2 倒一點點橄欖油到平底鍋中加熱，雞皮朝下放入。**用鍋鏟壓著煎，兩面共煎8分鐘**，煎到熟。

3 取出雞腿肉，用鍋中剩餘的油炒**A**。炒到香味出來後加入**B**煮滾。

4 雞肉切1.5公分寬，盛盤，水菜切段放旁邊，淋上**3**。

脆脆的皮

2塊（2人份）

有柑橘醋醬油＋紅辣椒就很簡單

香煎雞腿肉南瓜

調理時間 **20**分

1人份 **465** kcal

（食譜提供：今泉）

材料（2人份）

雞腿肉……………**1塊（250g）**

洋蔥………………1/2顆（100g）

南瓜………1/8顆（已去籽100g）

A〔辣椒切末少許，柑橘醋醬油2.5大匙〕

B〔酒1大匙，鹽、現磨薑汁各少許，片栗粉1小匙〕

沙拉油…………………1.5大匙

作法

1 南瓜切1公分厚。洋蔥橫切薄片。

2 將**A**加入大一點的調理碗或盤中拌勻後再加入洋蔥拌勻。

3 雞腿肉去筋和多餘的脂肪，縱切對半後再切1公分厚的斜片，**依序加入B裹勻**。

4 沙拉油倒入平底鍋中加熱，加入雞腿肉和南瓜煎2分鐘。上下翻面、不需蓋蓋子，轉中小火煎，煎到收油熟透。

5 趁熱加入**2**拌勻，煮5分鐘入味即可。

滿滿的蔬菜

1塊（2人份）

一口接一口
不停手

1塊
（2人份）

下飯 味道的決勝關鍵在特製的醬

香烤雞腿肉佐鹽蔥醬

調理時間 **20** 分

1人份 **373** kcal

（食譜提供：小林）

材料（2人份）

雞腿肉‧‧‧‧‧‧‧‧‧‧‧**1塊（250g）**

A〔鹽1/2小匙，胡椒少許〕

B〔蔥花1/2根（50g），蒜泥、
　　鹽各1/4小匙〕

沙拉油‧‧‧‧‧‧‧‧‧‧‧‧小於2大匙

高麗菜‧‧‧‧‧‧‧‧‧‧‧‧‧‧‧‧1～2葉

檸檬‧‧‧‧‧‧‧‧‧‧‧‧‧‧‧‧‧‧‧‧1/4顆

作法

1 雞腿肉去筋和多餘的脂肪，
用A抓醃室溫靜置20分鐘。

2 製作鹽蔥醬。將B放入耐熱
調理碗中，倒入已在平底鍋
中加熱的沙拉油，拌勻、放
涼。

3 烤箱預熱後放入**1**，以180℃
兩面共烤8～10分鐘，烤到焦
黃。**如果感覺快要燒焦時，**
烤到一半可蓋上鋁箔紙。

4 取出雞腿肉放在沾板上2分
鐘，切容易入口大小。盛
盤，淋上**2**，旁邊放手撕高
麗菜、月牙形檸檬即可。

意外的組合

2塊
（2人份）

便宜 煎得酥脆、醬汁多又美味

香煎雞肉燴番茄

調理時間 **25** 分

1人份 **297** kcal

（食譜提供：檢見崎）

材料（2人份）

雞腿肉‧‧‧‧‧‧‧‧‧**2塊（400g）**

番茄‧‧‧‧‧‧‧‧‧2大顆（400g）

A〔鹽、胡椒、蒜泥各少
　　許〕

低筋麵粉‧‧‧‧‧‧‧‧‧‧‧‧‧‧適量

B〔高湯塊1/4塊，鹽、胡
　　椒、蒜泥各少許，蠔油
　　1/2小匙〕

片栗粉‧‧‧‧‧‧‧‧‧‧‧‧‧‧‧1小匙

沙拉油、芝麻油‧‧‧‧各1大匙

作法

1 雞腿肉各切6等份，用A抓醃預
先調味。撒上薄薄的低筋麵
粉，抖掉多餘的麵粉。番茄切2
公分塊狀。

2 沙拉油倒入平底鍋中加熱，雞
皮朝下放入，蓋上蓋子燜煎4～
5分鐘。上下翻面再煎4～5分
鐘，兩面煎到焦黃熟透。

3 拿另一個平底鍋倒入芝麻油開
大火加熱，加入番茄拌炒，炒
軟後加入100ml熱水和**B**。煮
滾、撈掉泡沫，片栗粉水繞著
圈倒入勾芡。

4 將**2**盛盤，淋上**3**即完成。

雞柳

torisasami

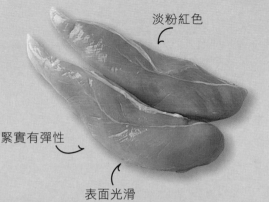

淡粉紅色

緊實有彈性

表面光滑

名字來自竹葉。
是雞肉中最軟嫩的部位

位於雞胸肉的內側,沿著左右胸骨各一條。狀似竹葉故而得名。也幾乎沒有脂肪,是雞肉中最軟嫩的部位。

營養與調理的祕訣

● 營養特徵

每100g就有24.6g的蛋白質,含量相當豐富,而且幾乎沒有脂肪,是減肥時蛋白質的來源。

● 調理祕訣

味淡無腥味,非常適合做和食、沙拉、涼拌。去掉白色的硬筋後,口感就很好了。

保存方法

去筋後,一條一條分別用保鮮膜包起來,或是從中間片開再去筋,接著再用保鮮膜包起來。放進冷凍用保鮮袋,壓出空氣後封口。(請參照P.10)

● 保存期間

| 冷藏 | 2～3天 | 冷凍 | 3週 |

有了雞柳!就可以做了!

1塊 ▶ P.69　P.69

2塊 ▶ P.66

4塊 ▶ P.67

5塊 ▶ P.68

6塊 ▶ P.70

8塊 ▶ P.67　P.68　P.70　P.70

• memo •

用菜刀去筋真簡單

雖然又白又硬的筋可以吃,但口感不佳,還是去除後食用會更好。菜刀先切一下筋的前端,一手壓著筋,一手拿著刀背順著筋往後推。

美乃滋帶出
濃郁滋味

2個主要食材！
重點在海苔香

下飯

雞柳豆芽菜春捲

調理時間 **15**分

1人份 **267** kcal

（食譜提供：小林）

材料（4人份）

雞柳·······················**2條（100g）**

豆芽菜·····················1袋（250g）

燒海苔······················1片

春捲皮······················8張

美乃滋······················適量

A〔低筋麵粉2大匙，水2大匙少
　 一點〕

B〔咖哩粉1/2小匙，鹽1小匙〕

油炸用油····················適量

作法

1. 雞柳去筋，縱切4等份。海
   苔切8等份細長條。

2. 春捲皮上面依序加入海
   苔、1/8豆芽菜、雞柳1條。
   **美乃滋擠細長形，確實捲
   起來**，捲到最後時再用拌
   勻的 **A** 抹在春捲皮上黏
   合。同樣方法做8根。

3. 放入加熱到170度的熱油鍋
   中炸，炸到呈現金黃色。
   若有萵苣等生菜，可先鋪
   在盤底。再依個人喜好的
   量淋上拌勻的 **B**。

2條
（4人份）

雞柳炸雞佐辣蔥醬

調理時間 **20** 分
1人份 **192** kcal
（食譜提供：大庭）

材料（4人份）

雞柳 ············· **8～10條（400g）**
牛番茄 ······················ 2小顆
A〔1支蔥切蔥花，1小瓣蒜切蒜
　末，薑末5g，豆瓣醬1/2～1小
　匙，醬油3大匙，醋4大匙，
　砂糖1/2大匙〕
酒 ························· 1/2大匙
鹽 ························· 1/5小匙
片栗粉 ······················ 適量
油炸用油 ···················· 適量

作法

1 雞柳去筋，一條切3等份的斜片，放入調理碗中，用鹽、胡椒抓醃。

2 番茄切月牙形。

3 將A拌勻。

4 擦去雞柳的出水，**下鍋油炸之前再裹片栗粉**。

5 油炸用油加熱到170～180℃，放入一半4的量，邊炸邊翻面炸2分鐘後取出。剩餘的量同樣方法炸，和2一起盛盤，最後淋上3。

美味沾醬
大滿足♪

8條
（4人份）

雞柳紫蘇天婦羅

調理時間 **20** 分
1人份 **377** kcal
（食譜提供：夏梅）

材料（4人份）

雞柳 ····················· **4條（200g）**
南瓜 ························· 300g
青紫蘇 ······················ 20片
A〔現磨薑汁、醬油各1大匙，
　鹽少許〕
天婦羅粉 ···················· 少許
B〔天婦羅粉、冷水各1杯〕
油炸用油 ···················· 適量

作法

1 雞柳去筋，各切5等份，用A預先調味。

2 南瓜去籽和瓤，切1公分厚的月牙形。

3 **青紫蘇去除葉梗，放入塑膠袋中，加入一點天婦羅粉**，一片青紫蘇夾一塊雞柳。

4 將3裹上拌勻的B，放入加熱到180度的油鍋中炸2～3分鐘。南瓜也要裹上麵衣炸1～2分鐘。可依個人喜好沾鹽或天婦羅醬油。

南瓜增加了量

4條
（4人份）

濃厚地恰到
好處

8條
（4人份）

下飯　酪梨的奶油口感和雞柳很搭

炸酪梨捲

調理時間 **15**分

1人份 **439** kcal

（食譜提供：岩崎）

材料（4人份）

雞柳‧‧‧‧‧‧‧‧‧‧‧‧‧‧‧‧‧‧‧‧‧‧‧‧‧‧‧‧**8條**
鹽‧‧‧‧‧‧‧‧‧‧‧‧‧‧‧‧‧‧‧‧‧‧‧‧‧‧‧‧1/4小匙
胡椒‧‧‧‧‧‧‧‧‧‧‧‧‧‧‧‧‧‧‧‧‧‧‧‧‧‧‧‧少許
酪梨‧‧‧‧‧‧‧‧‧‧‧‧‧‧‧‧‧‧‧‧‧‧‧‧‧‧‧‧1顆
青紫蘇‧‧‧‧‧‧‧‧‧‧‧‧‧‧‧‧‧‧‧‧‧‧‧‧12片
低筋麵粉、蛋液、麵包粉‧‧各適
　　量
油炸用油‧‧‧‧‧‧‧‧‧‧‧‧‧‧‧‧‧‧‧‧‧‧適量
檸檬、萵苣‧‧‧‧‧‧‧‧‧‧‧‧‧‧‧‧各適量

作法

1 雞柳橫著片開、**去筋後攤**
開，撒上鹽、胡椒。酪梨
縱切8等份，青紫蘇縱切對
半。

2 一塊雞柳上面各放3片青紫
蘇、一塊酪梨，然後捲起
來。一共捲8捲，捲好後依
序裹上低筋麵粉、蛋液、
麵包粉，放入170℃的油鍋
中炸。切對半盛盤、旁邊
放檸檬、萵苣。

也適合沒有
食欲時吃

5條
（4人份）

清爽　超絕配的3種口感各異的食材

雞柳涼拌小黃瓜梅肉

調理時間 **15**分

1人份 **64** kcal

（食譜提供：森）

材料（4人份）

雞柳‧‧‧‧‧‧‧‧‧‧‧‧‧‧‧‧‧‧‧‧‧‧‧‧‧‧‧‧**5條**
小黃瓜‧‧‧‧‧‧‧‧‧‧‧‧‧‧‧‧‧‧‧‧‧‧‧‧‧‧2條
梅乾‧‧‧‧‧‧‧‧‧‧‧‧‧‧‧‧‧‧‧‧‧‧‧‧‧‧‧‧6粒
鹽、胡椒‧‧‧‧‧‧‧‧‧‧‧‧‧‧‧‧‧‧‧‧各少許

作法

1 雞柳去筋，小黃瓜切薄
片。梅乾去籽，撕小塊。

2 雞柳汆燙後放在漏網上，
撕容易入口大小、放涼。
小黃瓜抓鹽，瀝掉水分。

3 梅肉、雞柳放入調理碗
中，加入小黃瓜拌勻，淋
上一點醬油。

便宜　重現清脆的小黃瓜口感

雞柳炒小黃瓜

調理時間 **15** 分

1人份 **163** kcal

（食譜提供：樋口）

材料（2人份）

雞柳（**已去筋**）⋯⋯⋯⋯⋯⋯1條

小黃瓜⋯⋯⋯⋯⋯⋯⋯⋯⋯⋯⋯1條

A〔酒1小匙，鹽少許，片栗粉1小匙〕

鵪鶉蛋（水煮）⋯⋯⋯⋯⋯⋯6顆

薑絲⋯⋯⋯⋯⋯⋯⋯⋯⋯⋯⋯⋯15g

B〔雞粉1/2小匙，酒1大匙，水100ml〕

片栗粉⋯⋯⋯⋯⋯⋯⋯⋯⋯⋯1/2大匙

鹽⋯⋯⋯⋯⋯⋯⋯⋯⋯⋯⋯⋯⋯1/3小匙

醬油⋯⋯⋯⋯⋯⋯⋯⋯⋯⋯⋯1/2小匙

沙拉油⋯⋯⋯⋯⋯⋯⋯⋯⋯⋯1/2大匙

作法

1 用削皮器將小黃瓜削出斑馬紋。雞柳切薄斜片，裹上**A**。鵪鶉蛋瀝掉水分。

2 沙拉油倒入平底鍋中加熱，開小火炒薑絲，炒到香味出來後加入雞柳拌炒。雞柳變色後再**加入小黃瓜快速炒一下**。

3 加入鵪鶉蛋和**B**，煮滾後以鹽、醬油調味。將食材撥到鍋邊，空出來的地方倒入以1大匙水調和的片栗粉水勾芡。

簡單又美味

1條（2人份）

健康　清爽的湯加了略苦的油菜花

雞柳蛤蜊湯

調理時間 **15** 分

1人份 **55** kcal

（食譜提供：amako）

材料（2人份）

雞柳（**已去筋**）⋯⋯⋯⋯⋯⋯1條

蛤蜊（已吐沙）⋯⋯⋯⋯⋯⋯4個

油菜花⋯⋯⋯⋯⋯⋯⋯⋯⋯⋯⋯2支

片栗粉⋯⋯⋯⋯⋯⋯⋯⋯⋯⋯⋯適量

A〔昆布5公分，水400ml〕

B〔酒1大匙，淡口醬油1小匙，鹽1/4小匙〕

作法

1 雞柳切一口大的薄斜片，薄薄地撒上片栗粉，放入熱水中汆燙後放在漏網上。油菜花放入加了鹽（分量外）的熱水汆燙，取出放涼，捏乾水分切對半。

2 將**A**、蛤蜊加入鍋中，開火，蛤蜊開口後再以**B**調味，煮滾後拿掉昆布。

3 將**1**盛入碗中，**2**的蛤蜊連同湯汁一起倒入碗中。

享受春天

1條（2人份）

雞柳

微微地香

6條
（4人份）

下飯 清淡的雞柳多了香味與美味

香煎芝麻雞柳

調理時間 **10** 分

1人份 **239** kcal

（食譜提供：上島）

材料（4人份）

雞柳	**6條**
蛋白	1/2顆蛋量
白芝麻	6大匙
橄欖油	1大匙
奶油	25g
醬油	1大匙

作法

1 雞柳去筋，用菜刀刀背輕拍，切2等份斜片。**裹上蛋白、撒上白芝麻**。

2 橄欖油倒入平底鍋中加熱，加入**1**，煎到焦黃後上下翻面，蓋上蓋子，轉小火煎3分鐘。

3 加入奶油、醬油，雞柳整個裹上。

帶便當也 GOOD

8條
（4人份）

健康 食材全擺上，交給烤箱就行了

雞柳梅乾紫蘇烤起司

調理時間 **15** 分

1人份 **197** kcal

（食譜提供：大庭）

材料（4人份）

雞柳	**8條**
梅乾	2～3大顆
青紫蘇	16片
比薩用起司	100g

作法

1 一面雞柳畫淺淺的0.5公分刀痕。

2 梅乾去籽，用菜刀仔細地拍。

3 青一紫蘇去除葉梗。

4 用少許沙拉油（分量外）塗抹在烤箱頂部，雞柳的刀痕朝上放入。雞柳上面薄薄地抹上梅肉、放上2片青紫蘇、撒上起司。放入烤箱烤8～10分鐘。

也可作成丼飯！

8條
（4人份）

健康 口感滑嫩，超下飯的鹹甜咖哩味

香煎雞柳櫛瓜咖哩醬油

調理時間 **15** 分

1人份 **196** kcal

（食譜提供：市瀨）

材料（4人份）

雞柳	**8條（400g）**
櫛瓜	2條（300g）
片栗粉	2小匙
高麗菜	3葉（150g）
A〔味醂、醬油各2大匙， 砂糖1大匙，咖哩粉1 小匙〕	
沙拉油	1大匙

作法

1 雞柳去筋，再用菜刀刀背敲平，**用茶過濾器薄薄地撒上片栗粉**。櫛瓜長切對半再縱切3～4等份的薄片，高麗菜切絲。

2 1/2大匙沙拉油倒入平底鍋中加熱，放入雞柳，兩面各煎2分鐘後取出。

3 平底鍋中再加入1/2大匙沙拉油，加入櫛瓜，兩面各煎1分鐘。

4 放入**2**，加入**A**並均勻地裹上。連同高麗菜絲一起盛盤。

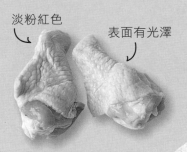

淡粉紅色

表面有光澤

雞皮的毛
細孔要大

toritebaniku

雞翅

帶骨的肉有著強烈的特殊鮮甜滋味，口感絕佳

靠近雞胸的部分是翅小腿，翅小腿以外的就稱雞翅。而雞中翅是指切掉細細的雞翅尖的部分。肉質緊實且鮮甜。

〉營養與調理的祕訣 〈

● 營養特徵
雞皮含有豐富的膠原蛋白，能維持肌膚的彈性，具緩和關節疼痛的功效。

● 調理祕訣
從骨頭滲透出來的濃厚鮮甜滋味非常適合煮湯或燉煮。無論是用烤魚機烤還是炸，酥脆雞皮的口感令人驚艷。

〉保存方法 〈

菜刀從肉與骨之間切入，平鋪在冷凍用保鮮袋中，壓出空氣後封口。（請參照P.10）

● 保存期間　冷藏 2～3天　　冷凍 3週

有了雞翅！就可以做了！

4支 ▶  P.78 P.79

6支 ▶ P.76 P.77

8支 ▶ P.73 P.74

12支 ▶ P.72 P.75 P.75 P.76 P.79 P.79

 P.77 P.78

torilever

雞肝

〉營養與調理的祕訣 〈

● 營養特徵
鐵、葉酸、維生素B_{12}的寶庫，具發揮預防及改善貧血的力量。也含有豐富的強固肌膚和粘膜的維生素A。

● 調理祕訣
「泡在牛奶裡」「預先煮」「預先調味」等，按照各食譜去除腥味就是美味的祕訣。

要做得好吃，需注意去掉血塊的事前處理

雞的肝臟。有著漂亮的紅色、光澤就是鮮度佳的雞肝。獨特的腥味，只要事前處理掉血塊等，就能做得好吃了。

〉保存方法 〈

用菜刀劃入去除血塊後再擦去水分。用保鮮膜包起一次食用的量，放入冷凍用保鮮袋中，壓出空氣後封口。

● 保存期間　冷藏 1～2天　　冷凍 3週

有了雞肝！就可以做了！

300g ▶ P.80

400g ▶ P.80

照燒的光澤

12隻
（4人份）

下飯 　裹上滿滿醬汁的鹹甜滋味令人回味無窮

香煎鹹甜雞翅

調理時間**35**分

1人份**235**kcal

（食譜提供：牛尾）

材料（4人份）

雞翅	**12隻**
鹽、胡椒	各少許
低筋麵粉	1大匙
沙拉油	1大匙

A〔醬油2大匙，酒、味醂、白
　芝麻各1大匙，蜂蜜1/2大匙〕

作法

1 沿著雞翅內側的骨頭畫刀，用叉子在雞皮
上戳幾下。撒上鹽、胡椒和薄薄的低筋麵
粉。

2 沙拉油倒入平底鍋中加熱，加入雞翅煎。
整隻都煎到焦黃後蓋上蓋子燜煎3分鐘，
讓裡面熟透。

3 將A拌勻，加入2中一起煮。

利用煮雞翅的湯汁讓味道更清甜

雞中翅櫛瓜湯

調理時間 **40**分

1人份 **110** kcal

（食譜提供：牛尾）

材料（2人份）

雞中翅	**8隻**
櫛瓜	1條
洋蔥	1顆
薑	10g
鹽	1小匙
胡椒	少許

作法

1 櫛瓜切1公分厚的半月形。薑切薄片，洋蔥切月牙形。

2 雞中翅、薑、洋蔥放入鍋中，加入800ml的水，**蓋上蓋子煮30分鐘**。

3 加入櫛瓜再煮5分鐘，以鹽、胡椒調味。盛盤，若有可撒上彩椒粉。

也吃得到蔬菜

8隻
（2人份）

下飯　咖哩粉中加入番紅花簡單又好吃

翅小腿番茄咖哩燉飯

調理時間 **35**分

1人份 **561**kcal

（食譜提供：今泉）

材料（4人份）

翅小腿⋯⋯⋯⋯⋯⋯⋯ **8**隻	咖哩粉⋯⋯⋯⋯⋯⋯⋯ 2小匙
番茄⋯⋯⋯⋯⋯⋯⋯⋯ 2顆	A〔雞高湯塊1塊，熱水
米⋯⋯⋯⋯⋯ 2杯（360ml）	500ml，鹽1小匙〕
蒜末⋯⋯⋯⋯⋯⋯⋯⋯ 1瓣	橄欖油⋯⋯⋯⋯⋯⋯⋯ 3大匙
洋蔥末⋯⋯⋯⋯⋯⋯⋯ 1/2顆	荷蘭芹末⋯⋯⋯⋯⋯⋯ 適量
鹽⋯⋯⋯⋯⋯⋯⋯⋯ 1/2小匙	
胡椒⋯⋯⋯⋯⋯⋯⋯⋯ 少許	
白葡萄酒⋯⋯⋯⋯⋯⋯ 2大匙	

作法

1 鹽、胡椒抓醃翅小腿。番茄烤一下火、泡冷水、去皮切1公分塊狀。

2 橄欖油倒入平底鍋或其他鍋中加熱，加入蒜末、洋蔥末拌炒，炒到軟後再加入翅小腿、白葡萄酒再拌炒。接著加入咖哩粉拌炒均勻後加入番茄再快速炒一下。

3 **取出翅小腿備用，加入A煮滾**。倒入米拌勻、鋪平，翅小腿放在米上面再次煮滾後蓋上蓋子轉小火煮15分鐘。關火燜5分鐘，撒上荷蘭芹末。

\ 燒焦了也美味 /

8隻
（4人份）

下飯　先煎再煮，增加濃郁鮮甜滋味

雞中翅水煮蛋煮蒜頭

調理時間 **30**分

1人份 **283**kcal

（食譜提供：牛尾）

材料（4人份）

雞中翅·······················**12隻**

水煮蛋（去殼）·············6顆

蒜頭·······························1瓣

A〔醬油6大匙，醋4大匙，砂
　糖2大匙，紅辣椒1支〕

作法

1 蒜頭拍扁。

2 加熱平底鍋，加入雞中翅，**兩面煎到焦黃，接著放入蒜頭、600ml的水。**

3 煮滾後加入水煮蛋、A，蓋上落蓋煮8分鐘。取出水煮蛋對半切開，連同雞中翅一起盛盤。

一隻接一隻
停不下手！

12隻
（4人份）

下飯　冰箱醃一個晚上再用烤箱烤就行了

咖哩醋翅小腿

調理時間 **30**分

1人份 **202**kcal

（食譜提供：岩崎）

材料（4人份）

翅小腿·······················**12隻**

A〔蒜頭1/2瓣，蜂蜜、醋、咖
　哩粉各2小匙，沙拉油1大
　匙，鹽1/2大匙，胡椒少
　許〕

作法

1 雞皮用叉子戳幾下。

2 將雞中翅放入保鮮袋中，加入A抓勻，先放進冰箱冷藏一晚。

3 放在烤盤中，用220℃已預熱的烤箱烤20分鐘。盛盤，依個人喜好擠入適量檸檬汁。

食欲全開

12隻
（4人份）

\口口皆鮮甜/

6隻
（2人份）

下飯　先微波加熱，短時間就完成的煮物

鹽煮翅小腿白蘿蔔

調理時間 **30** 分
1人份 **280** kcal
（食譜提供：市瀨）

材料（2人份）

翅小腿‥‥‥‥‥‥‥‥‥‥‥**6隻**
白蘿蔔‥‥‥‥‥‥‥‥‥‥‥600g
蒜頭‥‥‥‥‥‥‥‥‥‥‥‥1/2瓣
紅辣椒‥‥‥‥‥‥‥‥‥‥‥1支
A〔淡口醬油、酒、味醂各1
　　大匙，鹽2/3小匙，高湯
　　600ml〕
沙拉油‥‥‥‥‥‥‥‥‥‥‥1小匙
醋橘‥‥‥‥‥‥‥‥‥‥‥‥適量

作法

1 白蘿蔔去皮切2公分厚的圓
片、削皮，**其中一面用刀畫
十字**。放入耐熱皿中、鬆鬆
地蓋上保鮮膜，用微波爐
（600W）微波加熱4分鐘。

2 紅辣椒去蒂頭和籽。將蒜頭
拍扁。

3 沙拉油倒入平底鍋中加熱，
翅小腿的雞皮朝下放入煎2分
鐘。煎到焦黃快速拌炒一
下，待肉變色後加入A、**1**、
2。煮滾後撈掉泡沫，蓋上
落蓋轉中小火燜煮20分鐘。

4 連同湯汁一起盛盤，醋橘放
旁邊。

\也適合當零嘴/

12隻
（4人份）

下飯　令人驚豔的伍斯特醬和咖哩粉的組合

烤辛香雞翅

調理時間 **45** 分
1人份 **235** kcal
（食譜提供：岩崎）

材料（4人份）

雞翅‥‥‥‥‥‥‥‥‥‥‥**12隻**
鹽‥‥‥‥‥‥‥‥‥‥‥‥1/2小匙
胡椒‥‥‥‥‥‥‥‥‥‥‥少許
A〔伍斯特醬4大匙、咖哩粉
　　1/3小匙，醬油2小匙，1/2瓣
　　蒜切蒜末，辣椒粉少許〕

作法

1 雞翅洗淨、擦乾，沿著內側
骨頭左右兩邊縱向畫刀，用
鹽、胡椒抓醃。連同**A**一起
放入保鮮袋中，壓出空氣後
封口，靜置30分鐘。

2 將雞翅放入已預熱的烤箱
中，**用湯匙沾醃的醬汁塗抹
在雞翅上，邊抹邊烤**，以
180℃烘烤，兩面烤10分鐘。
盛盤，可放入生菜搭配。

冷了也好吃

8隻
（4人份）

暖到心裡

6隻
（2人份）

(常備菜) 鮮甜又入味！可冷藏3天

滷雞翅和蛋

調理時間 **20**分

1人份 **261** kcal

材料（4人份）

雞翅…………………………**8隻**

水煮蛋………………………**4顆**

A〔鹽1/2小匙，粗黑胡椒少許，
酒、現磨薑汁各1小匙〕

B〔伍斯特醬120ml，醋2大匙，
砂糖2小匙〕

片栗粉、油炸用油………各適量

作法 （食譜提供：horiesachiko）

1 雞翅裹上**A**，撒上片栗粉。

2 放入170℃的熱油中炸到焦黃，瀝油。

3 將**B**倒入小鍋中開火，煮滾後關火。

4 將**2**、水煮蛋放入保鮮盒中，**趁熱淋上3**，醃15分鐘。

※從冰箱拿出來不用加熱就可以吃了。

(健康) 雞翅白飯做的簡單菜餚

雞翅白菜湯

調理時間 **35**分

1人份 **487** kcal

材料（2人份）

雞翅…………………………**6隻**

白菜…………………………1/8顆

白蘿蔔……………………250g

薑……………………………50g

A〔雞湯粉1大匙，水1L〕

白飯………………………150g

B〔1支蔥切蔥花，醬油3大匙，
芝麻油2大匙〕

作法 （食譜提供：Mako）

1 白菜切0.7公分寬，白蘿蔔去皮、切0.7公分厚的銀杏葉形。薑帶皮切薄片。

2 將**1**、雞翅、**A**加入鍋中，開火煮滾後撈掉泡沫，蓋上蓋子轉小火煮25分鐘。加入白飯再煮5分鐘。盛入碗中，最後再淋上拌勻的**B**。

逐漸散發出
鹹甜味

8隻
（4人份）

下飯　祕訣在炸過之後再用熱水去油

炸煮雞翅茄子

調理時間 **20**分
1人份 **283** kcal
（食譜提供：今泉）

材料（4人份）
雞翅……………………**8隻**
茄子……………………4個
茗荷……………………3個
A〔高湯500ml，醬油、酒各3
　大匙，砂糖2～2.5大匙〕
油炸用油………………適量

作法

1 切掉前端雞翅尖的部分，沿著內側骨頭之間畫刀。茄子去蒂頭，縱劃數刀刀痕。

2 油炸用油加熱到170℃，放入茄子邊轉動茄子邊炸，炸到軟後取出瀝油。放入雞翅炸到金黃，炸熟後取出**快速過一下熱水去油**。

3 將A加入鍋中煮滾後放入**2**，以中火煮5分鐘。盛盤，放上切了細絲、泡過水的茗荷。
（P.S. 茗荷可在日系超市購得）

一吃就愛上
的滋味

4隻
（2人份）

清爽　薄麵衣減少吸油更爽口

胡椒鹽炸雞翅

調理時間 **20**分
1人份 **262** kcal
（食譜提供：今泉）

材料（2人份）
雞翅……………………**4隻**
青椒……………2個（60g）
南瓜……………………100g
A〔鹽1/4小匙，胡椒少許，酒
　1小匙〕
低筋麵粉………………適量
油炸用油………………適量
鹽………………………極少
檸檬（切月牙形）………2片

作法

1 切掉前端雞翅尖的部分，內側畫一刀，用**A**抓醃10分鐘。青椒先縱切對半，去蒂頭和籽後再縱切對半。南瓜去瓤和籽，切1公分厚容易入口的大小。

2 油炸用油加熱到170℃，加入青椒炸一下，南瓜炸3分鐘，瀝油，撒上鹽。

3 **擦去雞翅上的鹽酒水，薄薄地撒上低筋麵粉**，放入油鍋炸6～7分鐘。瀝油、和**2**一起盛盤，擠上檸檬就可食用。

雞翅的美味和滿滿膠原蛋白的鮮湯

雞中翅蘿蔔湯

調理時間 **40**分

1人份 **62** kcal

（食譜提供：牛尾）

材料（4人份）

雞中翅	**4隻**
白蘿蔔	200g
薑	10g
鹽	1小匙

作法

1 沿著雞中翅內側骨頭畫刀。白蘿蔔切一口大的滾刀塊，薑切薄片。

2 將1、800ml的水加入鍋中開大火，煮滾後蓋上蓋子轉小火，再煮30分鐘，以鹽調味。

營養滿點

4隻（4人份）

黑醋讓肉更軟嫩

雞翅彩椒煮蒜頭薑

調理時間 **25**分

1人份 **254** kcal

（食譜提供：今泉）

材料（4人份）

雞翅	**12隻**
彩椒（黃色）	1顆
薄蒜片	1瓣
薄薑片	10g
A	〔水200ml，黑醋、酒各3大匙，醬油2.5大匙，砂糖2大匙〕
沙拉油	1大匙

作法

1 彩椒去蒂頭和籽，切滾刀塊。

2 沙拉油倒入鍋中加熱，加入雞翅拌炒，炒到焦黃時加入蒜頭、薑一起拌炒。

3 加入A煮滾後撈掉泡沫，**蓋子留個小縫，以小火煮10分鐘**，加入彩椒再煮2分鐘。

入味又軟爛

12隻（4人份）

享受食材美味的簡單法式家庭料理

白酒蒸翅小腿高麗菜

調理時間 **30**分

1人份 **227** kcal

（食譜提供：今泉）

材料（4人份）

翅小腿	**12隻**
高麗菜	1小顆（800g）
A	〔鹽3/4小匙、黑胡椒少許〕
B	〔水400ml，雞高湯塊1塊，白葡萄酒3大匙〕
鹽	適量
胡椒	少許

作法

1 翅小腿先用熱水快速汆燙一下，瀝掉水分，再以A預先調味。

2 高麗菜去芯後切8等份的月牙形。

3 將翅小腿、B放入深一點的鍋中，開中火**煮滾後撈掉泡沫，加入高麗菜，撒上一點鹽**。蓋上蓋子轉小火煮15～20分鐘，煮到高麗菜軟。嚐一下味道，若不夠再以鹽、胡椒調味。

湯也是絕品

12隻（4人份）

也可當作
常備菜

400g
（4人份）

加上蜂蜜的甜味更好吃

雞肝紅酒薑

調理時間**20**分
1人份**176**kcal
（食譜提供：牛尾）

材料（4人份）
雞肝·······························**400g**
A〔薑10g，紅酒150ml，醬
　油、蜂蜜各2大匙〕

作法

1 去除雞肝上多餘的脂肪和血塊，切一口大小。洗淨後泡在50ml（分量外）的牛奶中。

2 煮一鍋沸水，加入雞肝汆燙**2**分鐘，瀝掉水分。

3 將**A**倒入鍋中煮滾後加入雞肝。邊煮邊攪拌，煮10～20分鐘煮到收汁。

濃淡適中又
美味

300g
（4人份）

沒有食物調理機、鮮奶油也能做

雞肝醬

調理時間**20**分
1人份**174**kcal
（食譜提供：牛尾）

材料（4人份）
雞肝·······························**300g**
奶油·································40g
A〔洋蔥泥3大匙，1瓣蒜磨蒜
　泥〕
牛奶·································50ml
鹽·······························2/3小匙
胡椒·······························少許

作法

1 去除雞肝上多餘的脂肪和血塊，洗淨後泡在**50ml（分量外**）的牛奶中以去除腥味。

2 煮一鍋沸水，加入雞肝汆燙3分鐘。瀝掉水分，用菜刀切碎，接著再用刀面或是抹刀壓成泥狀。

3 奶油放入平底鍋中融化，加入**A**拌炒。炒到軟且香味出來後加入雞肝拌勻，接著慢慢地倒入牛奶攪拌到適當的濃稠度。以鹽、胡椒調味，也可加入切碎末的鼠尾草等香草拌勻。做好的雞肝醬也可依個人喜好塗抹在切薄片的法國麵包上。

butakomagireniku, butakiriotoshiniku

"豬的邊角肉"

紅肉的部分
呈淡紅色

脂肪的部分呈
乳白色

表面有光澤

立馬派上用場,短時間內就可端上桌。
令人開心的低價格、高CP值

有從各個部位切下來的邊角肉,也有從切薄片的邊角肉,不過,每個店家切下來的邊角肉都大同小異。主要是價格便宜、CP值高!

營養與調理的祕訣

● 營養特徵
促進醣質代謝的維生素B$_1$的含有量是所有食材中的佼佼者。此外也含有豐富的菸鹼酸、礦物質。

● 調理祕訣
紅肉和脂肪的分佈各有不同,選擇紅肉多的,將增添美味口感。

保存方法

分一次使用的分量、攤平並用保鮮膜包起來再放進冷凍用保鮮袋,壓出空氣後封口。(請參照P.10)

● 保存期間

| 冷藏 | 2～3天 | 冷凍 | 3週 |

有了 邊角肉!就可以進行料理了喔!

80g ▶ P.86
100g ▶ P.83

150g ▶ P.82 / P.85 / P.86 / P.87 / P.89 / P.90

160g ▶ P.87
200g ▶ P.84 / P.85 / P.88 / P.88

300g ▶ P.88 / P.89 / P.89
400g ▶ P.90

簡單的燉煮但唇齒留香

燉煮邊角肉南瓜

調理時間 **20**分

1人份 **250**kcal

（食譜提供：脇）

材料（2人份）

豬邊角肉 ························· **150g**

南瓜 ······························ 200g

蔥 ································· 1支

A〔鹽1/2小匙，砂糖1.5大匙，
　水150ml〕

作法

1　南瓜削去部分的皮，切一口大小。蔥
　斜切2公分寬。

2　將 1、豬邊角肉、A 放入鍋中拌炒。
　水滾後**蓋上落蓋、轉中大火，邊搖晃
　鍋子邊煮10分鐘，煮到收汁。**

3　關火，靜置5分鐘以入味即可。

滿滿的維生素

150g
（2人份）

特製醬汁！

100g
（4人份）

便宜 鬆軟的蛋和滿滿的肉、其他食材

豬肉菜脯歐姆蛋

調理時間 **15**分

1人份 **243** kcal

（食譜提供：牛尾）

材料（4人份）

豬邊角肉 ·························· **100g**

菜脯 ·································· 20g

蛋 ···································· 6顆

杏鮑菇 ····························· 1根

細蔥 ·································· 30g

A〔鹽、胡椒各少許，醬油1/2小匙〕

B〔水100ml，雞高湯粉、砂糖各1小匙，番茄醬2大匙，醬油2小匙，鹽、胡椒各少許〕

C〔片栗粉1/2小匙，水1小匙〕

沙拉油 ····························· 1大匙

作法

1 菜脯先泡一下水後取出、瀝乾，再切粗末。豬肉切1公分寬。杏鮑菇切條狀，細蔥切2公分段。蛋打散。

2 沙拉油倒入平底鍋中加熱，加入豬邊角肉拌炒。**肉變色後再依序放入菜脯、杏鮑菇拌炒**，接著加入細蔥、以**A**調味。

3 加入蛋液大大地攪拌，整成歐姆蛋形狀，盛盤。

4 將**B**加入鍋中開火煮滾，煮滾後加入調好的芡水**C**，變稠後關火，淋在**3**上。

不要鮮奶油

200g
（2人份）

健康 牛奶和優格的清爽滋味

俄式酸奶燉肉

調理時間 **20** 分
1人份 **694** kcal

（食譜提供：牛尾）

材料（2人份）

豬邊角肉	**200g**
洋蔥	1/2顆
杏鮑菇	1根
鹽、胡椒	各少許
低筋麵粉	1小匙
白葡萄酒	50ml

A〔高湯粉1小匙，牛奶200ml，原味優格100ml〕

奶油	10g
熱呼呼的白飯	2碗
荷蘭芹（切末）	適量

作法

1 豬邊角肉撒上少許的鹽、胡椒，**薄薄的低筋麵粉**。將洋蔥、杏鮑菇切薄片。

2 奶油加入平底鍋中融化，依序加入豬邊角肉、洋蔥、杏鮑菇拌炒。接著倒入白葡萄酒煮滾，煮滾後加入**A**再煮。

3 最後以1/3鹽、少許胡椒調味，和白飯一起盛盤，撒上荷蘭芹末。

下飯 把絞肉換成邊角肉，增添口感

麻婆茄子邊角肉

調理時間 **15** 分

1人份 **414** kcal

（食譜提供：吉田）

材料（2人份）

豬邊角肉 ·····················**150g**

茄子 ·····························3個

A〔蔥1/2根，薑15g，蒜頭1瓣〕

B〔水160～170ml，味噌、砂糖
　各2大匙，酒1大匙，雞湯
　粉、豆瓣醬各1小匙，鹽、胡
　椒各少許〕

C〔片栗粉1/2大匙，水1大匙〕

芝麻油 ·························少許

沙拉油 ·····················1.5大匙

作法

1 豬邊角肉切容易入口的大
小。**A**切末。

2 茄子切滾刀塊，**平底鍋中
倒入1大匙沙拉油加熱，加
入茄子拌炒，取出備用。**

3 平底鍋中再加入1/2大匙沙
拉油，加入**A**拌炒到香味
出來後加入豬邊角肉拌
炒。

4 加入拌勻的**B**，煮滾後加入
茄子一起煮一下。接著加
入芡水**C**勾芡，出現稠狀後
再將芝麻油繞圈倒入。

芝麻油真香！

150g
（2人份）

健康 撒上鹽醃一個晚上，就是這道菜的勝負關鍵

鹽煮蔬菜豬肉

調理時間 **20** 分

1人份 **452** kcal

（食譜提供：danno）

材料（2人份）

豬邊角肉 ·····················**200g**

白菜 ····························1/8顆

金針菇 ··························1/2袋

蔥 ································1根

冬粉 ····························90g

鹽 ·····························適量

黑胡椒 ·························少許

作法

1 豬邊角肉撒上1小匙鹽，放
入保鮮袋中再**放進冰箱冷
藏一個晚上。**

2 金針菇的根部切掉後剝
鬆。蔥切1公分厚斜片。冬
粉切長段。

3 邊手撕白菜邊放入鍋中，
接著再加入豬邊角肉、金
針菇、蔥。冬粉放在最上
面，加400ml的水，蓋上蓋
子轉中小火燜煮10～15分
鐘。最後再以鹽、黑胡椒
調味。

吃飽飽的
一道料理

200g
（2人份）

省荷包

80g
（2人份）

肉少一點，加入香醇的豆腐大滿足！

豆腐回鍋肉

調理時間 **15** 分
1人份 **360** kcal
（食譜提供：外処）

材料（2人份）
豬邊角肉······················**80g**
嫩豆腐··························1塊
高麗菜·························1/4顆
蔥（含蔥綠）···············1/2根
蒜頭····························1瓣
A〔信州味噌1/2大匙，蠔油、
　水各1大匙，醬油2/3大匙，
　砂糖、芝麻油各1小匙〕
鹽································少許
沙拉油·························1大匙

作法
1 先將豆腐橫切成上下兩塊，接著再切成均等的12塊。用廚房紙巾輕輕壓去水分。
2 高麗菜切大粗末，蔥切5mm厚的斜片，蒜頭切薄片。A拌勻。
3 2小匙沙拉油倒入平底鍋中加熱，放入豆腐，一面各煎2分30秒，煎到金黃後取出備用。
4 平底鍋中再加入1小匙沙拉油，放入蒜片爆香，香味出來後放入豬邊角肉拌炒。炒到肉變色後再放入高麗菜、蔥、鹽炒1分鐘。加入3、A再快炒一下。

味噌的味道
很下飯

150g
（2人份）

便宜 最後加入的蛋液凝縮了美味

邊角肉炒豆芽菜味噌蛋

調理時間 **10** 分
1人份 **327** kcal
（食譜提供：今泉）

材料（2人份）
豬邊角肉······················**150g**
豆芽菜············1大袋（250g）
蛋································1顆
A〔酒1大匙，鹽、胡椒各少許〕
B〔味噌、味醂各1.5大匙〕
沙拉油·························1大匙
細蔥切末·····················2根
柴魚片···················1包（5g）

作法
1 豆芽菜洗淨、瀝掉水分。
2 豬邊角肉放入調理碗中，加入A拌勻。B拌勻。
3 沙拉油倒入平底鍋中加熱，加入豬邊角肉拌炒。炒到肉變色後加入豆芽菜轉大火，**大大地拌炒1分鐘**。
4 加入B快速拌炒一下，蛋打入鍋中攪散、拌勻。關火、加入細蔥末、柴魚片拌一下，盛盤。

超多的黑胡椒，口感針刺激！

黑胡椒炒豬肉蘿蔔

調理時間 **15**分

1人份 **200** kcal

（食譜提供：伊藤）

材料（2～3人份）

豬邊角肉·····················**160g**

白蘿蔔···························1/4條

細蔥···························3～4支

薑末·······························5g

A〔酒2小匙，醬油1/2大匙〕

B〔酒1大匙，醬油1小匙，鹽1/4小匙〕

黑胡椒·························適量

芝麻油·························2小匙

作法

1 白蘿蔔切4～5公分長的薄條狀，細蔥切4～5公分段。豬邊角肉用**A**醃。

2 1小匙芝麻油倒入平底鍋中加熱，放入白蘿蔔炒熟後取出備用。平底鍋中加入1小匙芝麻油，放入豬邊角肉、薑末拌炒。

3 炒到肉變色後放入白蘿蔔拌炒，加入**B**拌勻。最後再加入細蔥和許多黑胡椒拌勻。

辣辣的大人味

160g（2人份）

超多醬汁的豬肉丸

蠔油炒豬肉丸

調理時間 **20**分

1人份 **326** kcal

（食譜提供：小林）

材料（2人份）

豬邊角肉·····················**150g**

彩椒（紅色）···············1/2個

杏鮑菇···························1包

蒜末···························1小匙

A〔酒、醬油各不到1小匙，現磨薑汁1/2大匙，片栗粉1大匙〕

B〔蠔油1大匙，醬油、酒、醋各1/2大匙，砂糖少於1小匙，黑胡椒少許〕

沙拉油·························適量

芝麻油·····················不到1小匙

作法

1 彩椒去蒂及籽切一口大小。杏鮑菇切2～3等份後再切薄片。

2 豬邊角肉用**A**抓勻，**分6等份再揉成丸**。**B**拌勻。

3 平底鍋中倒入深1公分的沙拉油加熱到170度，加入豬邊角肉炸到金黃色後取出備用。

4 3的鍋中留下一點油，加入蒜末轉小火爆香。香味出來後再依序放入**1**拌炒、加入豬邊角肉。加入**B**拌勻，淋上芝麻油。

醬汁裹好裹滿！

150g（2人份）

邊角肉

也請享用香味

200g
（2人份）

下飯　先把油炸豆皮炸得酥酥脆脆才是美味的祕訣

辣炒豬肉青蔬

調理時間 **15**分
1人份 **413** kcal

材料（2人份）
豬邊角肉……………………**200g**
小松菜………………………5株
油炸豆皮……………………1片
A〔砂糖、酒、醬油各3大匙〕

作法　　　（食譜提供：Danno）

1 小松菜切3等份。先用廚房紙巾將油炸豆皮上多餘的油份吸掉，縱切對半再橫切4等份，**放入平底鍋中，兩面都要煎**。

2 將豆皮撥到鍋邊，加入豬邊角肉拌炒。炒熟後再依序加入**A**煮。

3 煮到稠後加入小松菜，開大火煮到菜軟即完成。

辣辣的糯米椒

200g
（2人份）

健康　有了榨菜調味就簡單多了

榨菜炒豬肉糯米椒

調理時間 **15**分
1人份 **259** kcal

材料（2人份）
豬邊角肉……………………**200g**
糯米椒………………………50g
榨菜（鹹味）………………50g
酒、芝麻油………………各1大匙

作法　　　（食譜提供：檢見崎）

1 **豬邊角肉、榨菜、酒、芝麻油一起拌勻**。用牙籤在糯米椒刺幾個洞，小心不要刺破。

2 加熱平底鍋，放入豬邊角肉拌炒。炒到肉變色後再放入糯米椒拌炒均勻即可。

濃厚的味道

300g
（4人份）

快速　冬瓜吸滿了豬肉的鮮味，軟爛又多汁

蠔油炒豬肉冬瓜

調理時間 **10**分
1人份 **246** kcal

材料（4人份）
豬邊角肉……………………**300g**
冬瓜…………………………1/6個
青椒…………………………2個
鹽……………………………少許
A〔蠔油、味醂各1大匙，醬油2小匙〕
胡椒…………………………少許
芝麻油………………………1大匙

作法　　　（食譜提供：牛尾）

1 豬邊角肉切容易入口大小，撒上鹽。冬瓜切1公分厚的大塊。青椒去蒂及籽切1公分寬。

2 芝麻油倒入平底鍋中加熱，放入豬邊角肉拌炒，**炒熟後依序加入冬瓜、青椒拌炒**。加入**A**拌勻，最後撒上胡椒。

豆芽菜增量

300g
（4人份）

便宜 2包豆芽菜&豬肉的省錢壽喜燒

簡單壽喜燒

調理時間 **20**分
1人份 **178**kcal

材料（4人份）

豬邊角肉·······························**300g**
豆芽菜···································2包
牛蒡·····································1根
蒟蒻絲···································1盒
細蔥·····································1支
A〔醬油、酒、砂糖各2大
　　匙〕

作法　　　　　　　　（食譜提供：horiesawako）

1 豆芽菜盡可能把根掐掉。豬邊角肉切一口大小。牛蒡切細絲、泡水、瀝乾。蒟蒻絲汆燙後切容易入口的長度。細蔥切3公分段。

2 A倒入鍋中煮滾後放入豬邊角肉、牛蒡絲、蒟蒻絲煮10分鐘。接著再放入豆芽菜煮一下就可盛盤，再放入蔥段。

滿滿的蔬菜

300g
（4人份）

健康 紅白蔬菜的組合色彩更豐富

黃芥末炒豬肉洋蔥彩椒

調理時間 **10**分
1人份 **303**kcal

材料（4人份）

豬邊角肉·······························**300g**
洋蔥·····································1.5顆
彩椒（紅色）·····························1個
鹽、胡椒·································適量
A〔番茄醬2大匙，黃芥末
　　粒、伍斯特醬各1大匙〕
沙拉油···································2大匙

作法　　　　　　　　　　（食譜提供：岩崎）

1 豬邊角肉切一口大小，撒上少許鹽、胡椒。

2 洋蔥切2公分厚的月牙形，彩椒切滾刀塊。

3 1大匙沙拉油倒入平底鍋中加熱，**加入洋蔥、彩椒快炒一下，撒上少許鹽、胡椒拌一下取出備用。**

4 平底鍋中再加入1大匙沙拉油，放入豬邊角肉拌炒，炒到豬變色後再加入A快炒一下，放入3拌炒。

150g
（2人份）

沒時間做菜的時候◎

快速 用麵味露調味絕不失敗

簡單豬肉豆腐

調理時間 **10**分
1人份 **276**kcal

材料（2人份）

豬邊角肉·······························**150g**
嫩豆腐···································半塊
蔥·······································1支
蒟蒻絲···································150g
金針菇···································1/2包
薄薑片···································10g
麵味露（2倍濃縮）··100ml

作法　　　　　　　　　　（食譜提供：danno）

1 豆腐切4等份，蔥切斜片，蒟蒻絲、金針菇切容易入口大小。

2 將**1**放入鍋中，加入、薑片、麵味露、水200ml，開火。

3 **煮滾後放入豬邊角肉、鋪平**，蓋上蓋子轉中火煮5分鐘即可。

很有深度的
甜味

150g
（2人份）

下飯　鬆鬆嫩嫩的炒蛋，口感滑順

豬肉洋蔥炒泡菜

調理時間 **10** 分

1人份 **412** kcal

（食譜提供：danno）

材料（2人份）

豬邊角肉 ···················· **150g**
洋蔥 ································ 1/2顆
白菜泡菜 ···················· 100g
蛋 ···································· 2顆
A〔醬油1大匙，味醂2大匙〕
芝麻油 ·························· 1大匙

作法

1 洋蔥切1公分厚。芝麻油倒入平底鍋中加熱，倒入蛋液，用筷子大大地攪拌2～3次，半熟狀態時取出備用。

2 泡菜放入平底鍋中拌炒，加入洋蔥。豬邊角肉一片一片加入，倒入A拌炒，炒到收汁。

3 放入半熟蛋，用炒菜鏟把但撥散，整鍋拌勻。盛盤，再依個人喜好放上斜切的蔥段。

精力補給

400g
（4人份）

健康　加入納豆，口感滿點。令人驚豔的組合

醬油炒豬肉高麗菜

調理時間 **10** 分

1人份 **373** kcal

（食譜提供：渡邊）

材料（4人份）

豬邊角肉 ···················· **400g**
高麗菜 ·························· 4大片
納豆 ······························ 2盒
A〔酒4小匙，醬油2小匙〕
B〔醬油4小匙，酒2大匙，鹽少許〕
薑泥 ······························ 4小匙
沙拉油 ·························· 4小匙

作法

1 豬肉用A醃。高麗菜切一口大小。納豆攪拌均勻，可依個人喜好加入附的醬油和黃芥末一起拌。

2 沙拉油倒入平底鍋中加熱，加入豬邊角肉拌炒，炒到肉變色加入高麗菜，高麗菜軟了後再加入納豆一起拌炒。

3 將B繞圈倒入、拌勻，最後再加入薑泥拌勻。

butabaraniku,spareribs

"五花肉‧肋排"

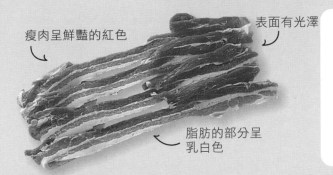

瘦肉呈鮮豔的紅色

表面有光澤

脂肪的部分呈
乳白色

美味的濃厚脂肪，軟嫩的口感

靠近肋骨的部分。因為瘦肉和脂肪的層次分明，又叫「三層肉」，可品嚐到脂肪的濃厚美味及軟嫩的口感。肋排則是指帶骨的厚切五花肉。

營養與調理的祕訣

● 營養特徵
脂肪多因此熱量高。用烤魚機或是烤箱烤就可以去掉多餘的脂肪而減少熱量了。

● 調理祕訣
活用濃厚風味，肉塊和肋排適合燒烤或燉煮，薄肉片適合炒和做成湯。

保存方法

分一次使用的分量攤平或是長度切斷半，先用保鮮膜包起來後再放進冷凍用保鮮袋。（請參照P.11）
肋排放進冷凍用保鮮袋時請勿重疊，並壓出空氣後封口。

● 保存期間

冷藏 2～3天　　冷凍 3週

有了五花肉！就可以做了！

50g ▶ P.98

100g ▶ P.95　P.99　P.104　P.105

150g ▶ P.93　P.96　P.97　P.97　P.98　P.103

200g ▶ P.92　P.98　P.102　P.104　P.105　P.105

250g ▶ P.94　P.99　P.99

300g ▶ P.95　P.100　P.103

600g ▶ P.101　P.101

有了肋排！就可以做了！

8根 ▶ P.106　P.106

200g
（2人份）

只要煮5分鐘

便宜　絕對會做！便宜！好吃！

燉煮豬肉豆腐捲

調理時間 **30**分

1人份 **369** kcal

（食譜提供：牛尾）

材料（2～3人份）

五花薄片…………8片（**200g**）
板豆腐…………1/2塊（**200g**）
青江菜……………………2株
蛋…………………………2顆
低筋麵粉………………1大匙
A〔高湯300ml，醬油、酒各3大匙，砂糖1大匙，薄薑片10g〕

作法

1 先用廚房紙巾將豆腐包起來，再用盤子等重物壓在上面10分鐘，確實瀝掉水分。

2 豆腐切8等份1公分厚，用肉片捲起來，撒上低筋麵粉。

3 將**2**的豬肉捲的收口朝下放入鐵氟龍加工平底鍋中（若是鐵鍋就抹上一點點芝麻油），邊煎邊上下翻面，煎到熟。肉緊巴著豆腐後再加入A，蓋上落蓋，中火煮5分鐘。

4 將青江菜放入加了一點鹽（分量外）的熱水中汆燙，菜葉切3～4公分、菜

梗切月牙形。

5 煮一鍋滾水，將從冰箱拿出來的雞蛋放入湯勺中煮7分30秒後放入冷水中、剝去蛋殼即為溏心蛋。

6 **3**的湯汁煮到剩一半時，放入青江菜和溏心蛋，關火後，放到冷以入味。

便宜　吸飽五花肉美味的白蘿蔔真是人間美味！

香煎豬肉白蘿蔔捲

調理時間 **20**分
1人份 **437** kcal

（食譜提供：市瀬）

材料（2人份）

五花薄片 ·········· **6片（150g）**
白蘿蔔 ···· 9～10公分（500g）
鹽、黑胡椒 ················ 各少許
A〔醬油1.5大匙，1/4瓣蒜頭磨泥，奶油15g〕
沙拉油 ······················ 1/2大匙
西洋菜 ······················ 適量

作法

1 白蘿蔔切6等份的圓片（約1.5公分厚），皮削厚一點。放入耐熱皿中鬆鬆地蓋上保鮮膜微波（600W）6分鐘。**放入冷水中冰鎮，再用廚房紙巾擦去水分。**

2 一片肉片捲一片白蘿蔔，撒上鹽、胡椒。

3 沙拉油倒入平底鍋中加熱，將**2**的肉卷的收口朝下放入鍋中煎。煎到收口

成焦黃色後再上下翻面，蓋上蓋子轉小火燜煎3分鐘。盛盤。

4 將**A**加入平底鍋中、開火，煮滾後淋在**3**上。可依個人喜好在白蘿蔔上放奶油，西洋菜放一旁。

一定要用奶油！

150g
（2人份）

下飯 即使多一點點時間，但並不費工夫很簡單

咖哩醬油燉五花肉白蘿蔔

調理時間 **40** 分

1人份 **602** kcal

（食譜提供：檢見崎）

香味撲鼻的
咖哩粉

250g
（2人份）

材料（2人份）

五花肉塊 ·····················**250g**

白蘿蔔 ··························500g

白蘿蔔葉 ·····················適量

A〔酒、醬油各1小匙，咖哩粉2
　小匙〕

咖哩粉、砂糖 ···········各1小匙

酒 ·····························50ml

醬油 ···························1大匙

沙拉油 ·······················1小匙

作法

1 豬肉切1公分厚，用**A醃10
分鐘**。白蘿蔔切1.5公分厚
的半月形。白蘿蔔葉用鹽
水（鹽分量外）氽燙，切5
公分長。

2 沙拉油倒入平底鍋中加
熱，放入五花肉塊，表面
煎到焦黃。接著放入白蘿
蔔拌炒，加入咖哩粉拌炒
均勻。

3 加入酒、水200ml煮滾後轉
中小火，撈掉浮沫，加入
砂糖、醬油。

4 先蓋上落蓋再蓋上鍋蓋。
不時上下翻面、拌一下，
燉煮25分鐘直到白蘿蔔軟
爛、收汁。盛盤，放上白
蘿蔔葉。

蒜頭是關鍵

300g
（4人份）

（下飯） 五花捲蛋，大人小孩都愛

煎煮肉蛋捲

調理時間 **15**分

1人份 **371** kcal

（食譜提供：牛尾）

材料（4人份）

五花薄片············ **12片（300g）**
水煮蛋·······························6顆
蒜頭·····························1瓣
鹽、胡椒·····················少許
A〔純番茄汁、紅葡萄酒各
50ml，醬油1/2大匙，高湯粉1
小匙〕

作法

1 肉片鋪平撒上鹽、胡椒，
放上半顆水煮蛋捲起來。

2 加熱平底鍋，將1的收口朝
下放入，蒜頭切對半也一
起放入。

3 **肉片煎到熟且巴著水煮
蛋時，將拌勻的A繞圈倒
入**，煮2～3分鐘。盛盤，
可依個人喜好旁邊放西洋
菜（水田芥）。

豐盛的節約
食材

100g
（4人份）

（便宜） 滿滿的豆芽菜和五花脂肪，超滿足

琉球雜炒豬肉豆芽菜

調理時間 **15**分

1人份 **230** kcal

（食譜提供：檢見崎）

材料（4人份）

五花薄片·············· **100g**
豆芽菜·············1袋（200g）
板豆腐·············1塊（300g）
蛋·······························2顆
胡蘿蔔·····················50g
蘿蔔嬰·····················少許
鹽·····························適量
沙拉油·····················1大匙

作法

1 五花肉片切1公分段，胡蘿蔔
去皮、切絲。蘿蔔嬰的根切
掉。

2 沙拉油倒入平底鍋中加熱，
**放入五花肉片拌炒，炒到焦
黃時再加入胡蘿蔔絲一起拌
炒**。胡蘿蔔絲炒軟後撒上少
許鹽，接著放入手剝豆腐拌
炒。

3 轉大火拌炒，豆腐出水後再
放入豆芽菜快速炒一下，蓋
上蓋子燜2分鐘。

4 豆芽菜熟了後再繞圈倒入蛋
液，整個大大地拌炒到蛋
熟。最後再用鹽調味，關
火，加入蘿蔔嬰拌炒。

拌溫泉蛋

150g
（2人份）

下飯　五花炒泡菜，味道深奧
五花肉泡菜溫泉蛋

調理時間 **15**分
1人份 **432** kcal

（食譜提供：牛尾）

材料（2人份）

五花薄片	150g
洋蔥	1/2個
韭菜	50g
白菜泡菜	150g
醬油	1小匙
鹽、胡椒	適量
溫泉蛋	2個

作法

1 五花肉片切3公分寬，撒上少許鹽、胡椒。洋蔥切薄片，韭菜切3~4公分段。

2 加熱平底鍋，放入五花肉片煎，**煎到焦黃且出油時取出備用。**

3 利用平底鍋中殘餘的油，依序加入洋蔥、韭菜拌炒，接著再放入五花肉片。最後放入泡菜一起拌炒，再以醬油調味。

4 加入鹽、胡椒再試一下味道，盛盤，上面放溫泉蛋。

泡菜和納豆這兩種發酵食品加深了料理的味道

豆腐納豆泡菜鍋

調理時間 **10**分

1人份 **362** kcal

（食譜提供：井澤）

材料（2～3人份）

五花薄片·······················**150g**
板豆腐·····························1塊
白菜泡菜···············150g～200g
韭菜·······················5～6根
納豆························$\frac{1}{2}$～1盒
A〔水500ml，味噌1～2大
　匙，醬油1小匙〕
芝麻油························1大匙
青紫蘇、一味辣椒粉、白芝
麻··························各適量

作法

1 泡菜切3～4公分段。韭菜切4
　公分段，肉片切容易入口大
　小。

2 芝麻油倒入平底鍋中加熱，
　放入泡菜、肉片拌炒。拌炒
　均勻後加入A煮滾，煮滾後
　再**放入手撕豆腐**、納豆。

3 再次煮滾後放入韭菜、手撕
　清紫蘇，撒上一味辣椒粉、
　白芝麻。

身體都暖了
起來

150g
（2人份）

番茄的酸甜正是湯頭的美味來源

辣煮五花、蛤仔、蔬菜、烏龍麵

調理時間 **20**分

1人份 **400** kcal

（食譜提供：牛尾）

材料（4人份）

五花薄片·······················**150g**
蛤仔（已吐沙）···············200g
番茄·························1大顆
蔥···························$\frac{1}{2}$支
蒜頭···························1瓣
烏龍麵（冷凍）···············4片
A〔雞湯粉2小匙，酒500ml，
　紅辣椒2根〕
鹽···························1大匙
胡椒···························少許

作法

1 蛤仔的殼對殼地摩擦洗淨。
　五花肉片切3公分寬。番茄切
　一口大小，蔥切斜薄片。拍
　扁蒜頭。

2 拿一個大鍋子煮滾1.7L的
　水，水滾後放入蒜頭、A。
　煮滾後加入蛤仔、肉片、
　蔥。

3 **待蛤仔開口就可以放入烏龍
　麵、番茄**。烏龍麵散了後再
　煮2～3分鐘，最後以鹽、胡
　椒調味。

嗖嗖嗖地
滑入口！

150g
（4人份）

200g
（4人份）

也適合作為維
生素的補給

很快就可完成大家都愛的招牌菜

回鍋肉

調理時間 **10**分
1人份 **284** kcal

（食譜提供：夏梅）

材料（4人份）
五花薄片.................**200g**
高麗菜.................500g
綠花椰菜.................150g
A〔味噌2大匙，醬油1/2大
　匙，砂糖、酒各1大匙〕
沙拉油.................1/2大匙

作法
1 肉片切4公分寬。高麗菜去芯後切4公分塊狀。綠花椰菜分小房後再切2～3等份。
2 將**A**拌勻。
3 沙拉油倒入平底鍋中加熱，加入五花肉片拌炒。接著放入高麗菜、綠花椰菜，**轉大火，大大地拌炒2～3分鐘**，倒入**2**一起拌炒。

關鍵在美味
的脂肪

50g
（2人份）

五花脂肪的美味與牛蒡超搭

五花肉牛蒡芝麻味噌湯

調理時間 **15**分
1人份 **169** kcal

（食譜提供：市瀨）

材料（2人份）
五花薄片.................**150g**
牛蒡.........大的1/3根（60g）
高湯.................400ml
味噌.................1.5大匙
薑絲.................10g
白芝麻.................1大匙
七味粉.................少許

作法
1 牛蒡用削皮器刨薄片，泡水5分鐘後瀝乾水分。肉片切3～4公分寬。
2 高湯倒入鍋中開火，**煮滾後加入五花肉片、牛蒡**。再次煮滾後撈掉浮沫再煮2分鐘。牛蒡軟了後放入味噌攪散，接著再放入薑絲、白芝麻，再次煮滾後就可盛入碗中，撒上七味粉。

150g
（2人份）

配啤酒最讚！

發揮食材原味的超簡單菜色

香煎酥脆五花蔥

調理時間 **7**分
1人份 **277** kcal

材料（2人份）
五花薄片.................**150g**
蔥.................1支
鹽.................少許

作法
1 肉片切4～5公分寬。蔥切0.5公分厚的小口。
2 肉片放入平底鍋中開中火拌炒，炒到酥脆。**待肉出油後再拿廚房紙巾擦去多餘的油脂**，加入蔥快速拌炒一下，再以鹽調味。

便宜又健康的蒟蒻，口感滿點

薑燒蒟蒻肉捲

調理時間 **15** 分

1人份 **328** kcal

250g
（4人份）

滿滿的
膳食纖維

材料（4人份）

五花薄片	**250g**
蒟蒻	2塊
鹽、胡椒	各少許
低筋麵粉	2大匙
A〔現磨薑汁1大匙，味	
酥、醬油各3大匙〕	
沙拉油	2小匙

作法　　（食譜提供：牛尾）

1　蒟蒻切1.5公分厚，熱水汆燙2分鐘，撈掉浮沫，放在漏網上。

2　肉片撒上鹽、胡椒預先調味。

3　**一片五花肉片捲一塊蒟蒻，撒上低筋麵粉。**

4　將A拌勻。

5　沙拉油倒入平底鍋中加熱，放入3，邊轉邊煎到焦黃色。熟了後倒入4煎煮。盛盤，如果有的話旁邊可以放生菜。

清爽　五花和番茄的美味消除工作倦怠

西式馬鈴薯燉肉

調理時間 **30** 分

1人份 **203** kcal

100g
（4人份）

也能消除工作
倦怠

材料（4人份）

五花薄片	**100g**
西洋芹	1根
洋蔥	1顆
番茄	1顆
馬鈴薯	2個
蒟蒻絲	1袋
A〔高湯300ml，味酥2小	
匙，鹽1/3小匙，醬油1大	
匙〕	
橄欖油	2小匙

作法　　（食譜提供：岩崎）

1　肉片切3～4公分長，西洋芹切滾刀塊，洋蔥、番茄、馬鈴薯切月牙形，馬鈴薯要泡水。蒟蒻絲汆燙後打一口大小的結。

2　橄欖油倒入鍋中加熱，放入洋蔥、西洋芹、馬鈴薯拌炒一下後再放入五花肉片一起拌炒，接著再放入蒟蒻絲、A。蓋上蓋子，煮滾後轉小火再煮12～15分鐘，放入番茄再煮4～5分鐘。

清爽　只需將食材層層疊疊放入平底鍋中燜煮即可

平底鍋燜煮豬肉小松菜

調理時間 **15** 分

1人份 **277** kcal

250g
（4人份）

滿口都是肉的
美味

材料（4人份）

五花薄片	**250g**
小松菜	300g
薑絲	10g
蒜絲	1瓣
A〔雞湯粉1小匙，鹽1/2小	
匙，胡椒少許，酒	
50ml〕	

作法　　（食譜提供：牛尾）

1　五花肉片切3公分寬，小松菜切3～4公分長。

2　平底鍋中**先放入小松菜，上面再放肉片**。加入薑絲、蒜絲、A，蓋上蓋子燜煮8分鐘。

※五花肉也可以換成邊角肉。

超受小孩的喜愛

300g
（2人份）

下飯　豬肉捲洋蔥讓餐桌更豐盛了

照燒豬肉洋蔥捲

調理時間 **15**分
1人份 **626** kcal
（食譜提供：牛尾）

材料（2人份）

五花薄片	**12片（300g）**
洋蔥	1顆
鹽	1/4小匙
胡椒	少許
低筋麵粉	2大匙
A〔醬油、味醂各1大匙〕	
芝麻油	2小匙
白芝麻	適量
高麗菜絲	適量
小番茄	適量

作法

1　洋蔥切1.5公分厚的圓片，將圓圈狀的和圓盤狀的分開。

2　五花肉片撒上鹽、胡椒，再把洋蔥捲起來，然後撒上低筋麵粉。

3　芝麻油倒入平底鍋中加熱，將**2**的收口朝下放入。兩面都煎到焦黃後蓋上蓋子，轉中火燜煎4分鐘到熟為止。

4　**出水後拿廚房紙巾吸去水分，加入 A，豬肉捲要裹滿醬汁。**也可依個人喜好加入10g奶油（分量外）。

5　高麗菜絲鋪在盤底，**4**放在菜上，旁邊放小番茄，撒上白芝麻。

祕訣在煎肉的表面&撈掉浮沫

燉煮五花肉白蘿蔔

調理時間 **40**分

1人份 **649** kcal

（食譜提供：上田）

材料（4人份）

五花肉塊⋯⋯⋯⋯⋯⋯⋯⋯ **600g**

白蘿蔔⋯⋯⋯⋯⋯⋯⋯⋯⋯ 1條

薄薑片⋯⋯⋯⋯⋯⋯⋯⋯⋯ 60g

A〔醬油8大匙，酒6大匙，砂
　糖4大匙，水1.2L〕

芝麻油⋯⋯⋯⋯⋯⋯⋯⋯⋯ 1大匙

作法

1 五花肉切8等份。白蘿蔔切大
滾刀塊。

2 白蘿蔔放入鍋中，水加到蓋
過蘿蔔、開火，煮滾後轉小
火再煮5分鐘，取出備用。**將
肉塊放入同一鍋中，煮到表
面變色**，取出備用。

3 洗淨鍋子，倒入芝麻油加
熱，爆香薑片，香味出來後
加入白蘿蔔和肉塊拌炒。
接著加入A，煮滾後撈掉浮
沫，轉母火燉煮30分鐘。

軟爛到用筷子
就能切開

600g
（4人份）

活用融入汆燙水的豬肉美味當作湯汁

燉煮豬肉白菜

調理時間 **95**分

1人份 **681** kcal

（食譜提供：岩崎）

材料（4人份）

五花肉塊⋯⋯⋯⋯⋯⋯⋯⋯ **600g**

白菜⋯⋯⋯⋯⋯⋯⋯⋯⋯⋯ 1/4顆

薑⋯⋯⋯⋯⋯⋯⋯⋯⋯⋯⋯ 15g

A〔薄薑片7.5g，蔥綠8公分〕

B〔汆燙豬肉的水500ml，酒、
　醬油、砂糖各4大匙〕

C〔片栗粉2大匙，水4大匙〕

作法

1 整塊肉放入鍋中，水加到
蓋過豬肉，加入A，蓋上蓋
子、開大火。**煮滾後轉小火
煮40分鐘，關火、直接放
冷。**

2 五花肉塊切4～5公分厚，白
菜斜切一口大小。

3 薑切粗絲。

4 將B倒入鍋中，加入薑絲煮
滾，煮滾後加入五花肉塊、
白菜再次煮滾後轉小火煮
40～50分鐘。繞圈倒入拌匀
的C勾芡。

入口即化

600g
（4人份）

熱量低

200g
（4人份）

清爽　用酒燜，美味不流失

砂鍋燜豬肉豆芽菜 梅肉蘿蔔泥

調理時間 **25**分

1人份 **277** kcal

（食譜提供：小林）

材料（4人份）

五花薄片……………………**200g**
豆芽菜………………………3袋
鹽、胡椒……………………各適量
酒……………………………3大匙
芝麻油………………………1大匙
梅肉…………………………2大匙
蘿蔔泥………………………**300g**
柚子醋醬油…………………適量

作法

1 五花肉片切4公分寬，一半量的豆芽菜鋪在砂鍋裡，一半量的肉片一片一片地放在豆芽菜上，撒上少許鹽、胡椒。接著放上剩下的豆芽菜、五花肉片，再撒上少許鹽、胡椒。

2 倒入酒，蓋上蓋子、開大火。煮滾後轉小火燜9～10分鐘，期間不時地開蓋攪拌到煮熟。最後再淋上芝麻油。

3 吃的時候可蘸拌在一起的梅肉和蘿蔔泥，或蘸柚子醋醬油亦可。

下飯　這一盤集結了五花肉、蛤仔、番茄的美味

燜煮豬肉蛤仔番茄

調理時間 **25**分

1人份 **373** kcal

（食譜提供：岩崎）

材料（4人份）

五花肉塊······**300g**

蛤仔（已吐沙）······200g

洋蔥······2個

蒜頭······1瓣

番茄罐頭······1/2罐（200g）

A〔鹽1/4小匙，胡椒少許〕

B〔白葡萄酒2大匙，月桂葉1片〕

鹽、胡椒······少許

橄欖油······2小匙

作法

1 五花肉塊切1公分厚的一口大小，撒上**A**。蛤仔的殼對殼地摩擦洗淨。

2 洋蔥切8等份的月牙形，蒜頭切末。

3 橄欖油倒入平底鍋中加熱，**放入豬肉煎到有點顏色後加入洋蔥、蒜末拌炒**。炒到香味出來後加入**B**，蓋上蓋子、轉小火燜煮15分鐘。加入弄碎的番茄、蛤仔，煮到蛤仔開口就可用鹽、胡椒調味後即完成。

奢侈的美味

300g
（4人份）

下飯　雖然有滿滿的豆芽菜，但仍吃得到豬肉和泡菜的口感

豬肉泡菜豆芽菜
拿波里義大利麵

調理時間 **20**分

1人份 **374** kcal

（食譜提供：小林）

材料（4人份）

五花薄片······**150g**

白菜泡菜······150g

豆芽菜······2袋

義大利麵（1.6mm）······150g

蒜末······2小匙

A〔醬油1大匙，番茄醬3大匙〕

芝麻油······1大匙

白芝麻······少許

作法

1 五花薄片切3公分寬。泡菜切容易入口的大小。義大利放入加了鹽（分量外）的熱水中煮，**煮的時間比包裝上標示的時間少1～2分鐘**。

2 芝麻油倒入平底鍋中加熱，放入蒜末轉小火爆香，香味出來後加入肉片，轉中火拌炒到肉變色。

3 依序加入泡菜、豆芽菜拌炒，接著放入瀝乾水分的義大利麵一起拌炒，最後再以**A**調味，盛盤後，撒上白芝麻即完成。

豆芽菜增量

150g
（4人份）

100g
（2人份）

＼ 美味新發現 ／

健康　熱呼呼的納豆x蕈菇搭配酥脆肉片

豬肉蕈菇納豆炒麵

調理時間 **15**分
1人份 **670** kcal

（食譜提供：小林）

材料（2人份）

五花薄片⋯⋯⋯⋯⋯⋯ **100g**
鴻禧菇、舞菇⋯⋯⋯ 各1/2袋
碎粒納豆⋯⋯⋯⋯⋯⋯⋯ 2盒
中華麵⋯⋯⋯⋯⋯⋯⋯⋯ 2片
沙拉油⋯⋯⋯⋯⋯⋯⋯⋯ 少許
A〔麵味露（2倍濃縮）50ml，
　水100ml〕
胡椒⋯⋯⋯⋯⋯⋯⋯⋯⋯ 適量

作法

1 鴻禧菇切除根部後撥散，舞茸分小房。五花薄片切2公分寬。

2 中華麵直接微波（600W）不需從袋子裡拿出來。1片加熱50秒，麵撥散後盛盤。

3 沙拉油倒入平底鍋中加熱，放入豬肉拌炒。**炒到酥脆出油，加入鴻禧菇、舞菇拌炒**，接著再加入納豆再拌炒。

4 倒入A煮滾後，撒上胡椒，淋在2上。若有細蔥可用來裝飾。

＼ 爽口的酸味 ／

200g
（2人份）

清爽　醋讓肉變軟嫩了

醋漬豬五花番茄

調理時間 **20**分
1人份 **435** kcal

（食譜提供：Mako）

材料（2人份）

五花（火鍋肉片）⋯⋯⋯ **200g**
洋蔥⋯⋯⋯⋯⋯⋯⋯⋯⋯ 1/4顆
西洋芹⋯⋯⋯⋯⋯⋯⋯⋯ 1/8支
小番茄⋯⋯⋯⋯⋯⋯⋯⋯ 8個
A〔番茄汁（無添加食鹽）1小罐，羅勒（乾燥）2撮，月桂葉2片，醋2大匙，鹽1/2小匙，蒜粉、胡椒各少許〕
B〔酒1大匙，鹽1/2小匙，月桂葉2片，胡椒少許，水800ml〕

作法

1 肉片切容易入口大小，洋蔥橫切薄片以切斷纖維。西洋芹切斜薄片，小番茄切對半。

2 將A倒入調理碗中拌勻，放入蔬菜。

3 **將B倒入鍋中加熱，沸騰後加入五花肉片**。肉熟了後放入2的調理碗中拌勻。

就是這鍋無限
享用鍋

100g
（2人份）

便宜　簡單又好吃，忙碌日子的大幫手

豬肉萵苣豆腐湯

調理時間 **15** 分

1人份 **237** kcal

材料（2人份）

五花薄片·····················**100g**

萵苣·······························4葉

豆腐·······························1塊

昆布··························5公分

柚子醋醬油······················適量

作法　　　　　　（食譜提供：瀨尾）

1 手撕萵苣容易入口大小。五花薄片、豆腐切容易入口大小。

2 鍋中加入昆布、適量的水、豆腐，開小火。煮滾前放入萵苣、五花薄片煮熟。

3 除了昆布，其他食材盛入碗中，吃的時候蘸柚子醋醬油。

異國風味

200g
（2人份）

下飯　豬五花的脂肪與香味強烈的冬蔥，超讚的辣味

甜辣醬煎冬蔥豬肉捲

調理時間 **15** 分

1人份 **435** kcal

材料（2人份）

五花薄片·········**8片（約200g）**

冬蔥··························· 80g

鹽、胡椒··················· 各少許

A〔甜辣醬、水各2大匙，醬油1小匙，雞湯粉 1/2 小匙〕

香菜····························· 適量

作法　　　　　　（食譜提供：牛尾）

1 冬蔥切4公分長。

2 五花薄片鋪平撒上鹽、胡椒。再將1放在五花薄片一端捲起來。

3 將2的收口朝下放入加熱的平底鍋中，邊慢慢地翻轉肉捲邊煎，煎到熟透。

4 拿廚房紙巾擦去多餘的油脂，加入**A**煮到收汁且均勻地裹在肉捲上。盛盤，放上切小段的香菜。

用豆渣粉做

200g
（4人份）

健康　一吃就愛上的焦香豬五花和納豆

豬肉納豆的低醣質大阪燒

調理時間 **15** 分

1人份 **491** kcal

材料（4人份）

五花薄片·····················**200g**

高麗菜························ 300g

納豆·····························3盒

A〔蛋4顆，高湯200ml，豆渣粉50g，片栗粉1大匙〕

鹽······························· 少許

B〔美乃滋2大匙，柴魚片15g，海苔粉1小匙〕

芝麻油·························· 1小匙

作法　　　　　　（食譜提供：牛尾）

1 高麗菜切絲，和納豆、**A**一起拌勻。

2 芝麻油倒入平底鍋中加熱，倒入 1/4 量的1，**鋪上切對半的 1/4 量的五花薄片**，撒上鹽巴。

3 煎到焦黃再上下翻面繼續煎。同樣的方式煎4片。

4 盛盤，平均地撒上**B**。可依個人喜好撒點鹽或醬油。

大口一咬鮮美多汁

8根
（4人份）

下飯 大口吃著味美又多汁

烤肋排

調理時間 **45** 分

1人份 **575** kcal

（食譜提供：市瀨）

材料（4人份）

肋排……………**8根（800g）**
南瓜……180g（去皮後150g）
紅洋蔥…………………1/4個
A〔鹽3/4小匙，黑胡椒少許〕
B〔1/8顆洋蔥磨泥，1瓣蒜頭
　 磨泥，番茄醬、醬油各2大
　 匙，蜂蜜1大匙〕
橄欖油………………… 少許

作法

1 肋排用A抹勻。

2 將B、肋排放入夾鏈袋中抓
　勻，放一個晚上。

3 南瓜比較長的那邊切對半後
　再切1公分後的月牙形，紅洋
　蔥切4等分的月形。

4 烤盤先鋪烘焙紙再將肋排、
　南瓜、紅洋蔥列上去，蔬
　菜上面抹橄欖油。放入用200
　度預熱的烤箱中烤30分鐘，
　即可取出。

也適合當下酒菜

8根
（4人份）

下飯 令人垂涎三尺的香味與口味，絕對會再續盤

韓式烤肋排

調理時間 **35** 分

1人份 **527** kcal

（食譜提供：岩崎）

材料（4人份）

肋排……………**8根（800g）**
鹽…………………… 1/2小匙
胡椒………………………… 少許
A〔4公分蔥切蔥花，1/2拌蒜
　 頭切末，韓國辣椒醬、砂
　 糖各1大匙，醬油3大匙，
　 芝麻油2小匙〕
白芝麻………………… 少許

作法

1 肋排抹上鹽、胡椒。加入A
　抹勻，放一個晚上。

2 用230度預熱烤箱，烤盤先鋪
　烘焙紙再將肋排排列上去，
　撒上芝麻烤20分鐘，即可取
　出，撒上白芝麻。

butaloinniku "梅花肉"

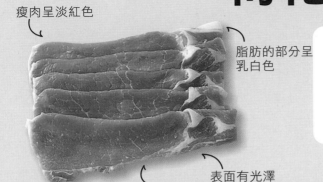

瘦肉呈淡紅色

脂肪的部分呈
乳白色

肌里細緻

表面有光澤

從豬的胸部到腰部之間
的背部的肉。

能明顯區分出瘦肉和脂肪且比例剛好，肉質
細緻、軟嫩，能充分享受其美味。

營養與調理的祕訣

● 營養特徵
含有豐富的恢復疲勞、促進醣質代謝的維生素B₁。此外也含有油酸
（不飽和脂肪酸的一種）、硬脂酸（一種飽和高級脂肪酸），有助
於膽固醇下降。

● 調理祕訣
為使口感軟嫩，請注意不要煮過頭。為避免厚切肉片反縮，請先切
斷脂肪與瘦肉之間的筋。

保存方法

分一次使用的分量攤平或是長度切斷半，先用保
鮮膜包起來後再放進冷凍用保鮮袋，壓出空氣後
封口。（請參照P.11）

● 保存期間

| 冷藏 | 2～3天 | 冷凍 | 3週 |

有了梅花肉！就可以做了！

100g ▶ P.116
120g ▶ P.110
P.118
160g ▶ P.114

200g ▶ P.108
P.111
300g ▶ P.109
P.112
P.112
P.117
P.118

320g ▶ P.114
400g ▶ P.111
P.113
P.115
P.115
P.115

500g ▶ P.114
P.116
P.118
600g ▶ P.113
P.117

檸檬提味

200g
（2人份）

健康　融合三種不同的味道，樂享不同層次的美味！

鹽蔥豬

調理時間 **12**分
1人份 **379** kcal
（食譜提供：市瀨）

材料（2人份）

梅花薄片‧‧‧‧‧‧‧‧‧‧‧‧‧‧**10**片（**200g**）
蔥‧‧‧‧‧‧‧‧‧‧‧‧‧‧‧‧‧‧‧‧‧‧‧‧‧‧‧‧‧‧‧‧2支
豆芽菜‧‧‧‧‧‧‧‧‧‧‧‧‧‧‧‧‧‧‧‧‧‧‧‧200g
鹽、胡椒‧‧‧‧‧‧‧‧‧‧‧‧‧‧‧‧‧各適量
A〔現榨檸檬汁2小匙，酒、砂糖
　　各1/2大匙，鹽1/3小匙，黑胡椒
　　少許〕
芝麻油‧‧‧‧‧‧‧‧‧‧‧‧‧‧‧‧‧‧‧‧‧‧1大匙

作法

1 整支蔥切1公分厚的斜片。梅花薄片撒上少許鹽、胡椒。拌勻 **A**。

2 豆芽菜放入耐熱皿中，鬆鬆地蓋上保鮮膜微波（600W）2分鐘，瀝掉水分，撒上鹽、胡椒。盛盤。

3 芝麻油倒入平底鍋中加熱，放入梅花薄片，兩面都煎到焦黃後再放在**2**的豆芽菜上面。

4 蔥放入平底鍋中拌炒，炒軟後再加入**A**快速拌炒一下，放在**3**的**梅花薄片上**。

人氣的蜂蜜
黃芥末味

300g
（2人份）

（下飯）用低筋麵粉鎖住肉汁，就能煎得多汁又美味

豬排佐蜂蜜黃芥末醬

調理時間 **15**分

1人份 **452** kcal

（食譜提供：牛尾）

材料（2人份）

梅花肉 ·······························2片（300g）

鹽 ·······································1/3小匙

胡椒 ···································· 少許

低筋麵粉 ····························1/2大匙

橄欖油 ·································1大匙

A〔黃芥末粒2小匙，蜂蜜1大匙，美乃
滋2大匙〕

作法

1　豬肉斷筋，撒上鹽、胡椒後再抹
　　上薄薄的低筋麵粉。

2　橄欖油倒入平底鍋中加熱，兩片
　　豬肉平鋪在鍋中。兩面各煎2～3
　　分鐘，煎到熟。

3　成盤，淋上拌勻的**A**。依個人喜
　　好放上薯條、西洋菜。

健康　切掉15～40%的豬油，熱量少一些

蒜炒豬肉花椰菜

調理時間 **15**分
1人份 **197**kcal

（食譜提供：今泉）

材料（2人份）

梅花薄片（切掉豬油）……… **120g**
花椰菜……………1/2小顆（150g）
冬蔥……………1/2把（100g）
蒜末……………1/2瓣（5g）
A〔鹽少量，酒1/2大匙〕
B〔醬油、酒各小於1大匙，砂糖
　1/2小匙，胡椒少許〕
沙拉油……………1/2大匙

作法

1 梅花薄片切3等份，均勻地淋上A。花椰菜分小朵、泡水、瀝乾。冬蔥切4公分段，將蔥白和蔥綠分開。

2 沙拉油倒入平底鍋中加熱，放入肉片、蒜末以中火拌炒。**80%的梅花薄片變色後再放入花椰菜、蔥白拌炒。**

3 蔥軟了後再加入B、蔥綠快速拌炒一下即完成。

令人開心的
低熱量

120g
（2人份）

便宜 海苔鎖住梅花肉&豆腐的美味

酥炸豆腐肉捲

調理時間 **15分**

1人份 **547**kcal

（食譜提供：重信）

材料（4人份）

梅花薄片 ············ **8片（200g）**
嫩豆腐 ············ 2塊（600g）
燒海苔（全片） ············ 1片
鹽、胡椒 ············ 適量
A〔天婦羅粉1/3杯，冷水60～
　　70ml〕
油炸用油 ············ 適量

作法

1 用廚房紙巾將豆腐包起來，
　拿重物壓1小時以瀝乾水分後
　再切4等份。

2 每一片梅花薄片攤平，撒上
　鹽、胡椒，接著一片肉捲一
　塊豆腐。切8等份的燒海苔捲
　在肉捲中間，收口的地方沾
　一點水黏起來。用細網將整
　捲肉捲撒上天婦羅粉（分量
　外）。

3 將A放入調理碗中拌勻，2裹
　滿粉漿再放入加熱到170℃
　的熱油中。炸1分鐘左右再翻
　面，再繼續炸1～2分鐘。盛
　盤，依個人喜好蘸麵味露或
　鹽。

輕盈
沒負擔

200g
（4人份）

下飯 在家重現西餐廳的人氣菜色，且短時間就可完成

薑燒梅花豬

調理時間 **15分**

1人份 **396**kcal

（食譜提供：牛尾）

材料（4人份）

梅花薄片 ············ **400g**
洋蔥 ············ 1/2顆
薑 ············ 10g
鹽 ············ 1小匙
胡椒 ············ 少許
低筋麵粉 ············ 1大匙
A〔醬油、紅葡萄酒各2大
　　匙，味醂1.5大匙，蜂蜜2
　　小匙〕
西洋菜 ············ 60g
紅洋蔥 ············ 1顆
番茄 ············ 1顆
奶油 ············ 10g
橄欖油 ············ 1大匙

作法

1 梅花薄片撒上鹽、胡椒，用
　細網等撒上薄薄的低筋麵
　粉。

2 洋蔥、薑磨泥。

3 奶油、橄欖油倒入平底鍋中
　開大火加熱，放入梅花薄片
　煎熟後取出備用。

4 用平底鍋中的油拌炒洋蔥
　泥、薑泥，**香味出來後加入**
　A煮滾，煮滾後再放入梅花
　薄片裹勻醬汁。

5 將4盛盤，旁邊擺上西洋菜
　葉、切薄片的紅洋蔥、切1.5
　公分塊狀的番茄即可。

400g
（4人份）

醇厚的醬

濃厚
又美味！

300g
（4人份）

下飯　一個平底鍋就能煮出大滿足的BBQ菜色

香煎BBQ豬肉

調理時間 **15**分
1人份 **273**kcal

（食譜提供：岩崎）

材料（4人份）

梅花肉片（薑燒用）······ **300g**
蒜頭·······························1/4瓣
洋蔥·······························1顆
玉米粒罐頭（冷凍）······ 50g
鹽·······························1/4小匙
胡椒·······························少許
A〔番茄醬3大匙，伍斯特醬
　1/2大匙，醬油2小匙，醋、
　砂糖各1小匙〕
低筋麵粉·······················少許
沙拉油·······························1大匙

作法

1 梅花肉片切容易入口大小，撒上鹽、胡椒。蒜頭切薄片，洋蔥縱切對半後再切1公分厚；玉米粒解凍。

2 1/2大匙沙拉油倒入平底鍋中加熱，放入洋蔥、玉米粒拌炒，**洋蔥炒到透明後取出備用。**

3 1/2大匙沙拉油倒入平底鍋中，放入蒜片加熱，肉片撒上低筋麵粉後放入鍋中，兩面煎到焦黃。

4 加入A裹勻肉片，放入2拌炒均勻即完成。

胃口大開的
高麗菜

300g
（4人份）

下飯　總是和豬肉搭擋的高麗菜

豬排高麗菜三明治

調理時間 **20**分
1人份 **861**kcal

（食譜提供：小林）

材料（4人份）

梅花薄片·········**16片（300g）**
高麗菜···········1/6顆（200g）
鹽······························· 適量
胡椒·······························少許
A〔低筋麵粉75g，水100ml〕
麵包粉、油炸用油······ 各適量
中濃醬（或柚子醋醬油）·· 適
　　量

作法

1 高麗菜切絲，放入調理碗中加入1/3小匙鹽拌勻，靜置10分鐘後擰掉水分。將A放入烤盤中仔細拌勻做粉漿，注意不要結塊。

2 兩片梅花薄片為一組，每組可稍微重疊、攤平。表面撒上少許的鹽、胡椒。

3 高麗菜分4等份，放在4組的豬肉上，剩餘的4組豬肉做成三明治形狀。放入有粉漿的烤盤中，**拿湯匙在上面的那一塊豬肉塗抹上粉漿，整體撒上麵包粉。**接著放入加熱到170度的油炸用油中炸到呈金黃色，切4等份、盛盤，旁邊放中農醬。

鬆軟雞蛋與厚切豬肉成絕妙對比

義式豬排

調理時間 **15** 分

1人份 **384** kcal

（食譜提供：岩崎）

材料（4人份）

梅花肉（薑燒用）……… **400g**

洋蔥…………………… 1/4顆

薑……………………… 5g

鹽…………………… 1/4小匙

胡椒…………………… 少許

低筋麵粉……………… 適量

蛋……………………… 2顆

鹽、胡椒……………… 各少許

A〔番茄醬2大匙，醬油、
　　酒、奶油各1大匙，砂糖1
　　小匙〕

沙拉油………………… 1大匙

西洋菜………………… 6枝

作法

1 梅花肉切對半，撒上鹽、胡椒後再**撒上薄薄的低筋麵粉。蛋打散，再將豬肉均勻裹上蛋液。**

2 加熱平底鍋，邊煎肉邊分數次倒入沙拉油，肉熟後盛盤。

3 洋蔥、薑磨泥。和**A**一起放入平底鍋中，拌煮到滾後淋在**2**上，旁邊擺西洋菜。

和帶甜的醬
超搭

400g
（4人份）

切成條狀的肉煮起來較輕鬆，嚼勁倍增

用炸豬排的肉
做青椒肉絲

調埋時間 **10** 分

1人份 **236** kcal

（食譜提供：上島）

材料（4人份）

梅花肉（炸豬排用）……… **4片**

　　（**600g**）

青椒…………………… 5個

紅青椒………………… 2個

酒（無醣質）………… 1大匙

鹽…………………… 1/2小匙

胡椒…………………… 少許

薑泥、雞高湯粉、醬油 各1小
匙

沙拉油……………… 1/2大匙

作法

1 **先切掉**豬肉的**厚脂肪再切**1公**分寬**，淋上酒、鹽、胡椒。

2 青椒、紅青椒切0.5公分寬。

3 沙拉油倒入平底鍋中加熱，先炒熱薑泥再放入豬肉拌炒，豬肉變色後再加入青椒、紅青椒。拌炒一下後加入雞高湯粉，再拌炒一下。

4 淋上醬油、關火，再拌炒均勻即完成。

主角是豬肉

600g
（4人份）

梅花肉

超愛的！甜辣味

160g
（2人份）

下飯 微波加熱取代燙煮，縮短煎白蘿蔔的時間

照燒白蘿蔔豬肉捲

調理時間 **15**分

1人份 **304** kcal

材料（2人份）
梅花薄片········**8**片（160g）
白蘿蔔··················200g
醬油····················1/2小匙
A〔醬油2小匙、味醂、酒
　各1大匙〕
沙拉油··················1/2大匙

作法　　　　　（食譜提供：伊藤）

1 白蘿蔔切6公分長0.5公分寬的條狀。**排列在耐熱皿中，淋上醬油**，鬆鬆地蓋上保鮮膜，微波（600W）加熱50秒後放冷。

2 一次用1/8白蘿蔔的量，放在梅花薄片上捲起來。

3 沙拉油倒入平底鍋中加熱，將2的收口朝下放入。邊翻面邊煎5分鐘，煎到整捲成焦黃色，倒入A裏勻即完成。

活用蒸的湯汁

320g
（4人份）

健康 火鍋肉和切細絲的蔬菜

蒸豬肉蔬菜捲

調理時間 **15**分

1人份 **201** kcal

材料（4人份）
梅花肉（火鍋用）······**16**片
　　（320g）
金針菇··········1包（200g）
四季豆··················10根
胡蘿蔔··················1條
鹽······················少許
A〔柴魚片5g，梅肉2～3
　顆，醬油1.5大匙，水1
　大匙〕

作法　　　　　（食譜提供：上島）

1 切掉金針菇的根部後撥散。四季豆斜切細長形，胡蘿蔔切絲。

2 梅花肉2片一組連接成一長片，撒上鹽，捲起，並用同樣方法共捲8捲。

3 將A拌勻。

4 將2的收口朝下排列在耐熱皿中，淋上3。**鬆鬆地蓋上保鮮膜，微波（600W）加熱5分鐘後取出靜置1分鐘。**裏勻蒸的湯汁、盛盤，剩下的湯直接淋在肉捲上面即可。

可當主餐！

500g
（4人份）

健康 一盤充分補給稍嫌不足的養分

火鍋肉海藻沙拉佐芝麻醬

調理時間 **10**分

1人份 **411** kcal

材料（4人份）
梅花薄片（火鍋用）···**500g**
小黃瓜··················3條
番茄····················2顆
綜合海藻（乾燥）······10g
A〔薑泥1小匙，白芝麻2大
　匙，醬油1大匙，醋2小
　匙〕

作法　　　　　（食譜提供：牛尾）

1 **梅花薄片用溫熱（50～70度）的水汆燙後再放入冷水中過水**，瀝掉水分。

2 小黃瓜切0.3公分厚的斜片，再縱切細絲，番茄切一口大小。綜合海藻泡水，膨脹後瀝掉水分。

3 將A拌勻。

4 小黃瓜、番茄、綜合海藻盛盤，最後放上梅花薄片、淋上3。

韓式味噌煎豬肉

> 調理時間 **30**分
>
> 1人份 **287** kcal

材料（4人份）

梅花薄片（薑燒用）·············**400g**
蔥·······································6公分
A〔蒜末1/4瓣，蔥芯切末、味噌各1
　大匙，韓國辣椒醬、醬油各2小
　匙，砂糖1/2小匙，辣椒粉少許，
　芝麻油1小匙〕
蘿蔔嬰·······························1/2包
蘿蔓、紅葉萵苣·················各適量

作法　　　　　　（食譜提供：岩崎）

1 蔥縱切對半，蔥白切絲、泡水
　後瀝乾。

2 梅花肉片切2～3等份，裹勻
　A，靜置20分鐘。

3 加熱平底鍋，放入梅花肉片攤
　平煎。

4 用洗淨蘿蔓、紅葉萵苣將3、
　蘿蔔嬰、1的蔥白包起來食
　用。

400g
（4人份）

燒肉氛圍

香甜豬肉蘆筍

> 調理時間 **10**分
>
> 1人份 **381** kcal

材料（4人份）

梅花薄片·······························**400g**
牛蒡·······································1條
綠蘆筍····································2把
砂糖·······································4大匙
醬油·······································3大匙
沙拉油·································1.5大匙

作法　　　　　　（食譜提供：夏梅）

1 肉片切容易入口的大小。牛蒡切細長滾
　刀塊、泡水2分鐘。綠蘆筍切掉根部，
　並薄薄地削掉下方4公分左右的皮，再
　切3～4等份。

2 沙拉油倒入坪底鍋中加熱，以小火拌炒
　牛蒡。炒到有點上色後再加入肉片，**炒
　到有點變色後加入砂糖拌炒，炒到熟**。

3 接著加入綠蘆筍拌炒，炒熟後倒入醬油
　炒到收汁。

健康&多量

400g
（4人份）

照燒鹽檸檬櫛瓜豬肉捲

> 調理時間 **10**分
>
> 1人份 **258** kcal

材料（4人份）

梅花薄片······ **16**片（400g）
櫛瓜·······································2條
檸檬·······································1顆
胡椒·······································少許
低筋麵粉·································適量
A〔味醂、酒各1大匙，鹽1
　小匙〕
沙拉油····································1大匙

作法　　　　　　（食譜提供：藤井）

1 櫛瓜先切4長條形再切對半。肉片攤平
　撒上胡椒。

2 一片肉片用螺旋的方式捲一塊櫛瓜，撒
　上薄薄的低筋麵粉。

3 檸檬切對半，**一半擠檸檬汁，一半切銀
　杏葉形**。

4 沙拉油倒入平底鍋中加熱，加入2，邊
　煎邊翻面。接著加入3、A照燒炒勻即
　完成。

檸檬的香味刺
激味蕾

400g
（4人份）

梅花肉

牛油
增添風味

100g
（2人份）

便宜　豬肉和煮倒入味的油豆腐比牛肉還好吃！

油豆腐壽喜燒

調理時間 **20** 分
1人份 **334** kcal

（食譜提供：牛尾）

材料（2～3人份）
梅花薄片（火鍋用）⋯⋯ **100g**
油豆腐⋯⋯⋯⋯⋯⋯⋯⋯ 2塊
牛油⋯⋯⋯⋯⋯⋯⋯⋯⋯ 1塊
蔥⋯⋯⋯⋯⋯⋯⋯⋯⋯⋯ 1支
白菜⋯⋯⋯⋯⋯⋯⋯⋯⋯ 200g
香菇⋯⋯⋯⋯⋯⋯⋯⋯⋯ 4朵
煎過的豆腐⋯⋯⋯⋯⋯ 1/2塊
蒟蒻絲⋯⋯⋯⋯⋯⋯⋯⋯ 1盒
A〔砂糖2大匙，酒100ml，醬
　油4大匙〕

作法

1　油豆腐畫刀再切2～4等份。

2　蔥斜切薄片。白菜切3～4公分塊狀。香菇頭切掉後再對半切，煎過的豆腐切一口大小，蒟蒻絲熱水燙過後煮2分鐘、撈掉泡沫、切3～4公分。

3　**牛油放入平底鍋（若有就用壽喜燒專用鍋）中加熱，放入蔥拌炒。**蔥軟後加入 **A**、水150ml、**1**和剩下的**2**。

4　蔬菜出水後加入肉片，煮熟後就可以盛出食用。依個人喜好也可沾蛋液吃。

用餘溫鎖住
多汁美味

500g
（4人份）

下飯　醃一個晚上，再用烤箱烤出本格味

英式燒豬肉

調理時間 **55** 分
1人份 **344** kcal

（食譜提供：市瀨）

材料（4人份）
梅花肉塊⋯ **500g（厚4.5～5公分）**
小番茄⋯⋯⋯⋯⋯ 1盒（12顆）
鹽⋯⋯⋯⋯⋯⋯⋯⋯⋯⋯ 1/2大匙
砂糖⋯⋯⋯⋯⋯⋯⋯⋯⋯ 1大匙
橄欖油⋯⋯⋯⋯⋯⋯⋯⋯ 1大匙
西洋菜⋯⋯⋯⋯⋯⋯⋯⋯ 適量

作法

1　豬肉抹上鹽、砂糖後放入保鮮夾鏈袋中，若有月桂葉就放2片，淋上橄欖油、封口，放入冰箱冷藏一晚。

2　煎之前1個小時再取出退冰，用廚房紙巾擦去水分。

3　豬肉放在鋪了烘焙紙的烤盤上，再放進已預熱到200℃的烤箱中烤20分鐘。接著將小番茄放在肉旁邊，繼續烤20分鐘。時間到後**關掉電源，在烤箱裡燜20分鐘。**

4　豬肉切容易入口大小、盛盤，最後放上小番茄、西洋菜。

下飯 甜煮豬肉和半熟蛋

燉煮豬肉蛋

調理時間 **55**分

1人份 **317**kcal

（食譜提供：夏梅）

材料（4人份）

梅花肉塊 ·····························**300g**

蛋 ·····································**4顆**

乾燥香菇 ·····························**2朵**

薄薑片 ·····························**50～60g**

A〔醬油、砂糖、酒各2.5大匙〕

沙拉油 ·····························**1小匙**

作法

1 梅花肉塊放進已加熱沙拉油的平底鍋中，兩面都要煎到焦黃。乾燥香菇泡在200ml水中，切斜片後再蘸一下香菇水。

2 梅花肉塊、水800ml～1L、薑片放入鍋中，蓋上落蓋開火。煮滾後轉中弱火煮20分鐘，關火、直接放冷。

3 撈掉**2**的凝固白色脂肪，取出梅花肉塊切4等份。抹上煮肉的湯汁再和梅花肉塊一起放回鍋中，加入A、1的香菇水、香菇開火，煮滾後蓋上落蓋煮10分鐘。

4 退冰後的蛋輕輕的放入加了少許醋（分量外）的熱水中煮7分鐘，剝殼。

5 將**4**放入**3**的鍋中，繼續煮10分鐘。

預先處理肉就能減去多餘脂肪

300g （4人份）

清爽 一道有著口感清爽的梅花肉和蔬菜的料理

梅花肉燉菜

調理時間 **65**分

1人份 **442**kcal

（食譜提供：大庭）

材料（2人份）

梅花肉塊 ·····························**600g**

蕪菁 ·································**4顆**

西洋芹 ·····················2支（130g）

高麗菜 ·····························**200g**

小番茄 ·································**8顆**

A〔白葡萄酒3大匙，鹽1小匙，胡椒少許，月桂葉1片〕

鹽 ·································1/2小匙

胡椒 ·································少許

黃芥末粒 ·····························**2大匙**

作法

1 梅花肉塊退冰。

2 蕪菁留下4公分的莖，摘掉葉子、削皮、縱切對半。西洋芹去筋，斜切4～5公分長斜片，高麗菜切月牙形。

3 鍋中加入1.6L水，放入梅花肉塊、開火，煮滾後轉小火、撈掉浮沫。加入A、蓋上蓋子煮30分鐘。

4 轉大火，加入蕪菁、西洋芹、高麗菜繼續煮，煮滾後火轉小一點再煮20分鐘。放入小番茄，再以鹽、胡椒調味。

5 取出梅花肉塊切2公分厚，和蔬菜一起盛盤。

6 倒入湯汁，放入黃芥末粒。

令身體開心！

600g （2人份）

也能增添便當
的色彩

120g
（2人份）

豬肉捲起司，增添濃醇美味

豬肉捲胡蘿蔔起司

調理時間 **25**分

1人份 **336** kcal

（食譜提供：重信）

材料（2人份）

梅花薄片……… **6片（120g）**
胡蘿蔔………… 1條（200g）
加工起司（塊狀）…3公分
　　　（75g）
鹽……………1/3小匙
A〔鹽、胡椒各少許〕
沙拉油……………1小匙

作法

1 胡蘿蔔用刨絲器刨絲，**撒上鹽拌勻、靜
置15分鐘。水分要瀝很乾。**切6等份。
起司切6等份的條狀。

2 攤平每片豬肉，捲起胡蘿蔔、起司。

3 沙拉油倒入平底鍋中開中小火加熱，2
的收口朝下放入鍋中。邊煎邊翻面，煎
5~6分鐘，煎到整個呈焦黃色，最後以
A調味。若有可和生菜一起盛盤。

500g
（4人份）

多汁&
奶油香

加有黃芥末粒的起司醬，盛宴感UP

香煎豬肉佐黃芥末起司醬

調理時間 **10**分

1人份 **449** kcal

（食譜提供：市瀬）

材料（4人份）

梅花肉（炸豬排用）……4片
　　　（500g）
鹽……………1/3小匙
胡椒……………少許
低筋麵粉……………適量
起司片（會融化的）…4片
A〔牛奶4大匙，黃芥末粒
　　1/2大匙〕
沙拉油……………1大匙
嫩菜葉…………………50g

作法

1 豬肉斷筋，撒上鹽、胡椒和薄薄的低筋
麵粉。

2 沙拉油倒入平底鍋中加熱，放入豬肉煎
3分鐘，煎到呈焦黃色。上下翻面、轉
小火再煎2分鐘。盛盤。

3 平底鍋洗乾淨，放入手撕起司片，加入
A，開小火拌勻至融化，淋在2上，旁
邊放嫩菜葉。

輕輕鬆鬆的
捲起來

無需費工做肉團子真簡單！清爽的滋味

薄肉片高麗菜捲

調理時間 **20**分

1人份 **223** kcal

（食譜提供：重信）

材料（4人份）

梅花薄片…… **16片（300g）**
高麗菜…………………8片
鹽、胡椒………… 各少許
A〔水200ml，高湯粉2小
　　匙，鹽1小匙，胡椒少
　　許〕

作法

1 將高麗菜放入加了少許鹽（分量外）的
熱水中汆燙、泡冷水，稍微瀝掉水分後
再用菜刀斜切掉高出菜面的芯。豬肉撒
上鹽、胡椒。

2 **將高麗菜的芯朝向自己攤平，以縱長方
向放入2片豬肉。**折起右邊捲起來捲到
左邊。同樣方式共做8捲。

3 將A加入鍋中煮滾後放入2。再次煮滾
後轉小火煮8分鐘，煮到軟爛。盛盤，
若有可放上荷蘭芹末。

300g
（4人份）

118

butamomoniku

腿肉

瘦肉呈淡紅色

脂肪少

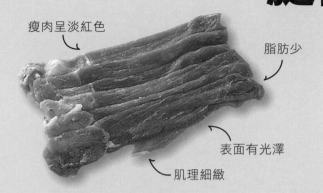

表面有光澤

肌理細緻

脂肪少，口感軟嫩、不油膩

因靠近臀部，也常運動到，所以肌肉多、脂肪少。瘦肉顏色深、肌理細緻、肉質軟嫩。特色是不油膩。

⟨ 營養與調理的祕訣 ⟩

● 營養特徵

在肉的部位中，維生素B$_1$的含量僅次於菲力。也因為脂肪少，比五花肉等肉類的熱量少。

● 調理祕訣

切薄片的肉可用來炒、燉、煮，料理方式多樣化。肉塊最適合做叉燒。

⟨ 保存方法 ⟩

分一次使用的分量攤平或是長度切斷半，先用保鮮膜包起來後再放進冷凍用保鮮袋，壓出空氣後封口。（請參照P.11）

● 保存期間

| 冷藏 | 2～3天 | 冷凍 | 3週 |

有了腿肉！就可以做了！

100g ▶ P.120　P.125　P.126

150g ▶ P.122　P.122　P.124

200g ▶ P.123　P.125

250g ▶ P.123

300g ▶ P.125

120g ▶ P.121　P.124

180g ▶ P.126

• memo •

你知道嗎？

大腿內側和外側是不同的。

通常所說的「大腿肉」指的是「大腿內側」的部分。「大腿外側」是靠近屁股部位的有嚼勁的紅肉，味道清淡。與人腿內側一樣，是一塊可以用於各種料理的部位。

> 腿肉

省錢菜色

100g
（2人份）

便宜　豬肉和酸甜番茄的美味都在融合在蛋裡

豬肉番茄炒蛋

調理時間 **15** 分

1人份 **266** kcal

（食譜提供：岩崎）

材料（2人份）

腿肉薄片 ·················· **100g**

番茄 ······························ 1顆

蛋 ································· 2顆

薑 ······························ 2.5g

A〔鹽、胡椒各少許，現磨薑
　　汁1/2小匙〕

鹽、胡椒 ··············· 各少許

B〔番茄醬1大匙，酒、醬油
　　各1/2大匙，砂糖1小匙〕

沙拉油 ······················ 1大匙

作法

1　腿肉薄片切一口大小，用**A**預先調味。番
　　茄切滾刀塊，薑切絲。蛋打散、加入鹽、
　　胡椒拌勻。將**B**拌勻。

2　1/2大匙沙拉油倒入平底鍋中加熱，倒入蛋
　　液，**大大地攪拌成蛋花**，取出備用。

3　稍微擦淨一下平底鍋，倒入1/2大匙沙拉油
　　加熱，放入腿肉薄片拌炒，炒到變色後加
　　入薑絲、番茄拌炒。最後以**B**調味，**加入
　　2拌一下**。

120

超下飯的甘甜味。也適合帶便當◎

胡蘿蔔四季豆肉捲

調理時間 **20**分

1人份 **209** kcal

（食譜提供：夏梅）

材料（2人份）

腿肉薄片⋯⋯⋯6片（120g）
四季豆⋯⋯⋯⋯⋯⋯⋯10根
胡蘿蔔⋯⋯⋯⋯⋯⋯⋯2/3條
低筋麵粉⋯⋯⋯⋯⋯⋯適量
A〔醬油2小匙，砂糖1/2大匙，水1大匙〕
沙拉油⋯⋯⋯⋯⋯⋯⋯2小匙

作法

1 四季豆去蒂頭。胡蘿蔔配合四季豆的長度切8等份細條狀。依序在加了少許鹽（分量外）的熱水中加入胡蘿蔔、四季豆汆燙1～2分鐘。燙好後取出放入冷水中冷了後再放在濾網上滴水，接著再拿廚房紙巾擦去水分。將A拌勻。

2 肉片3片一組，一片稍微重疊另一片排在一起，蔬菜要稍微超出3片肉片排起來的寬度。撒上低筋麵粉，**拿一半量的蔬菜放在肉片的一端，緊實地捲起**。捲到最後再用牙籤像縫衣般地

固定。剩下的蔬菜和肉同樣作法。

3 沙拉油倒入平底鍋中加熱，少許低筋麵粉撒在2上再放入鍋中。表面煎到微焦也差不多熟了再把牙籤拿掉，拔掉牙籤的地方也要煎。

4 計煎8～9分鐘，加入A，翻轉肉捲，整捲都要裹上A，煮1～2分鐘煮到收汁。稍微涼了後再切容易入口大小。

一切立顯豪華

120g
（2人份）

爽口！

150g
（2人份）

清爽　美味的祕訣就在檸檬的提味

涼拌豬肉高麗菜

調理時間 **15** 分

1人份 **305** kcal

（食譜提供：今泉）

材料（2人份）

腿肉片（火鍋用）………**150g**

高麗菜……………………1/4小顆

胡蘿蔔……………………1小條

洋蔥………………………1/4顆

A〔現榨檸檬汁、醋各1大
　匙，鹽、砂糖各1/2小匙，
　胡椒少許〕

B〔酒1大匙，鹽1小匙〕

C〔現榨檸檬汁1小匙，鹽、
　胡椒各少許〕

沙拉油……………………2大匙

作法

1 高麗菜橫切成上下兩半。**菜
芯橫切絲、菜葉切粗絲**。胡
蘿蔔切斜薄片後再切絲，洋
蔥橫切成薄片。

2 將**1**放入調理碗中，倒入沙
拉油再加入**A**拌勻，放進冰
箱冷藏。

3 鍋中加入600ml的熱水，加入
B、腿肉片開小火燙熟。燙
熟後放在濾網上瀝水，並**趁
熱拌C**，稍微放涼。

4 將**3**拌入**2**，盛盤。

瘦身時也能
安心吃

150g
（2人份）

健康　瘦肉的美味媲美薑燒

薑燒豬肉

調理時間 **15** 分

1人份 **144** kcal

（食譜提供：今泉）

材料（2人份）

腿肉薄片（切掉脂肪）‥**150g**

A〔醬油、酒各2.5小匙，砂糖
　1/2小匙〕

片栗粉……………………1/2小匙

薑泥………………………10g

沙拉油……………………1小匙

高麗菜……………………2葉

荷蘭芹（切末）…1大匙（3g）

番茄………………………1小顆

作法

1 肉片切2～3等份，用A預先
調味，再**依序撒上片栗粉、
沙拉油拌勻**。

2 高麗菜切絲，加入荷蘭芹拌
勻；番茄切月牙形。

3 平底鍋加熱，肉片一片一片
放入攤平，開大火煎。兩面
都煎到焦黃再加入薑泥拌
炒、關火。

4 和2一起盛盤即完成。

酥炸豬薄片起司

〔下飯〕 起司的濃郁和青紫蘇的爽口

調理時間 **20**分
1人份 **602** kcal

（食譜提供：大庭）

材料（2人份）

腿肉薄片 ············· **6片（250g）**
起司片 ······························· 2片
青紫蘇 ······························· 4葉
鹽、胡椒 ······················ 各少許
A〔 低筋麵粉6大匙，水4大
　 匙〕
生麵包粉、油炸用油‥各適量
萵苣 ······························· 1/4顆

作法

1　將每片肉片攤平在砧板上，撒上鹽、胡椒。依序將2葉青紫蘇放在一片肉片上、一片肉片、切對半的起司片、一片肉片夾起來，同樣方法完成其他。

2　**用攪拌器將A拌勻後倒入烤盤上，將1裹勻後兩面都沾麵包粉。**

3　平底鍋倒入約鍋子一半深度的酥炸用油，加入到170度。放入2炸，邊炸邊上下翻面，炸3～4分鐘，炸到呈金黃色至熟。切容易入口大小，盛盤，旁邊放切了4等份月牙形的萵苣。

美味～

250g
（2人份）

蒸煮豬肉高麗菜

〔清爽〕 重點在豬肉不重疊放上

調理時間 **20**分
1人份 **365** kcal

（食譜提供：檢見崎）

材料（2人份）

腿肉薄片 ··························· **200g**
高麗菜 ···················· 1/4顆（350g）
鹽 ······························· 少許
酒 ······························· 適量
A〔 半研磨白芝麻、味之素、
　 醬油、酒各2大匙〕

作法

1　肉片切5～6公分寬，撒上鹽、1大匙酒。高麗菜切粗塊。

2　**一半分量的高麗菜鋪在平底鍋中，肉片放菜上面。接著再放上剩下的高麗菜，倒入50ml的酒。蓋上蓋子、開中火，蒸煮12～13分鐘。**

3　盛盤，淋上拌勻的A。

簡單又美味！

200g
（2人份）

以蔬菜增量

便宜 炒過的豬肉和蔬菜，美味滿溢

豬肉高麗菜煎餅

調理時間 **20** 分

1人份 **434** kcal

（食譜提供：石澤）

材料（2人份）

腿肉薄片 ························ **150g**
高麗菜 ·························· 200g
蛋 ···························· 3顆
洋蔥切薄片 ···················· 1/3顆
A〔白葡萄酒1大匙，鹽、胡椒各適量〕
鹽、胡椒 ······················ 各適量
起司粉 ························ 1大匙
奶油 ·························· 10g

作法

1 腿肉薄片切一口大小，撒上少許的鹽、胡椒。高麗菜切2公分塊狀。蛋打散，加入少許起司粉、鹽、胡椒。

2 奶油放入平底鍋中融化，放入肉片開中火拌炒。**炒到變色後加入高麗菜和洋蔥拌炒**。加入A蓋上蓋子燜煎3分鐘後再稍微拌炒一下。

3 加入蛋液大至拌一下，轉小火、蓋上蓋子。煎到焦黃後上下翻面，兩面都煎。切成容易入口大小，盛盤，若有可放荷蘭芹末。

150g
（2人份）

微波速攻！

健康 重疊蔬菜和豬肉在微波加熱就完成了！

豬肉南瓜佐辣醬

調理時間 **15** 分

1人份 **218** kcal

（食譜提供：Danno）

材料（2人份）

腿肉薄片 ························ **120g**
南瓜 ·························· 1/8個
櫛瓜 ·························· 1/2小條
鹽 ···························· 少許
芝麻油 ························ 1/2大匙
A〔2支蔥切蔥花，薑末1大匙，醬油2大匙，白芝麻、砂糖各1小匙，豆瓣醬1/2小匙，一點蒜泥〕

作法

1 腿肉薄片切一口大小，抹鹽、胡椒醃20～30分鐘。南瓜、櫛瓜削皮，各切1公分厚。

2 將南瓜、櫛瓜排在耐熱皿中，腿肉薄片放在南瓜上面，**緊緊蓋上保鮮膜**。用牙籤在保鮮膜中間戳2～3個洞，微波（600W）先加熱4分鐘。肉若還沒熟就上下翻面再加熱30秒，直到熟透。

3 將2大匙2的微波加熱的湯汁和A一起拌勻。

4 盛盤，淋上3即完成。

120g
（2人份）

就像厚切
肉一樣

豬腿肉的美味加上杏鮑菇口感滿點

酥炸杏鮑菇肉捲

調理時間 **15**分

1人份 **432** kcal

材料（4人份）

腿肉薄片⋯⋯⋯ **12**片（**300g**）

杏鮑菇⋯⋯⋯⋯⋯⋯ 大的6根

鹽⋯⋯⋯⋯⋯⋯⋯⋯ 1/2小匙

胡椒⋯⋯⋯⋯⋯⋯⋯⋯ 少許

低筋麵粉、蛋液、麵包粉⋯

　各適量

嫩菜葉⋯⋯⋯⋯⋯⋯⋯100g

番茄醬⋯⋯⋯⋯⋯⋯⋯適量

油炸用油⋯⋯⋯⋯⋯⋯適量

作法 （食譜提供：大庭）

1 切掉一點杏鮑菇根部，縱切對半。

2 腿肉薄片攤平，兩面都撒上鹽、胡椒。

3 腿肉薄片捲起杏鮑菇，再依序裹上低筋麵粉、蛋液、麵包粉做成麵衣。

4 以中溫加熱油炸用油，加入**3**炸，邊炸**邊上下翻面炸2分鐘，炸到金黃酥脆**。切容易入口大小，盛盤，旁邊放上洗淨的嫩菜葉以及番茄醬即完成。

300g
（4人份）

鬆軟又入味

就算肉不多，油豆腐也能增添美味與量

油豆腐馬鈴薯燉肉

調理時間 **25**分

1人份 **303** kcal

材料（2人份）

腿肉薄片⋯⋯⋯⋯⋯⋯**100g**

馬鈴薯⋯⋯⋯⋯⋯⋯⋯2個

油豆腐⋯⋯⋯⋯⋯⋯⋯1/2片

胡蘿蔔⋯⋯⋯⋯⋯⋯⋯1/3根

洋蔥⋯⋯⋯⋯⋯⋯⋯⋯1/4顆

蒟蒻絲⋯⋯⋯⋯⋯⋯⋯100g

A〔醬油2.5大匙，味醂3大匙〕

蔥花⋯⋯⋯⋯⋯⋯⋯⋯適量

沙拉油⋯⋯⋯⋯⋯⋯⋯1大匙

作法 （食譜提供：Danno）

1 腿肉薄片切3等份，**油豆腐切對半後再切1公分寬**。馬鈴薯去皮切4等份，胡蘿蔔去皮、切小滾刀塊，洋蔥切1公分厚的月牙形。蒟蒻絲切容易入口大小。

2 沙拉油倒入平底鍋中加熱，加入蒟蒻絲拌炒2～3分鐘。加入油豆腐、馬鈴薯、胡蘿蔔、洋蔥、腿肉薄片，倒入**A**、水150ml。

3 煮滾後蓋上蓋子開中大火煮15分鐘，盛盤、放上蔥花。

100g
（2人份）

用稍微硬一點
的酪梨

在口中融化的酪梨新食感

酥炸酪梨肉捲

調理時間 **20**分

1人份 **588** kcal

材料（2人份）

腿肉薄片⋯⋯⋯⋯⋯ 6片（**200g**）

酪梨（稍硬一點）⋯⋯⋯⋯1顆

鹽⋯⋯⋯⋯⋯⋯⋯⋯ 1/3小匙

胡椒、現榨檸檬汁⋯⋯ 各少許

低筋麵粉、蛋液、麵包粉、油炸用油⋯⋯⋯⋯⋯各適量

高麗菜絲⋯⋯⋯⋯⋯2～3葉

檸檬（切半月形）⋯⋯⋯⋯2片

作法 （食譜提供：大庭）

1 酪梨縱切去籽後再縱切3等份的月牙形，剝去外皮，淋上檸檬汁。

2 腿肉薄片攤平，兩面都撒上鹽、胡椒。放上酪梨捲起來，再依序裹上低筋麵粉、蛋液、麵包粉做成麵衣。

3 以中溫加熱油炸用油，加入**2**炸，火轉小一點炸2～3分鐘。接著再以**高溫炸10秒，瀝油**。高麗菜絲鋪在盤底，放上對切一半的肉捲、檸檬。

200g
（2人份）

微辣醇厚的滋味

100g（2人份）

便宜　美乃滋加上胡椒辛辣的美味

豆芽菜美乃滋肉捲

調理時間 **10**分
1人份 **280** kcal

（食譜提供：夏梅）

材料（2人份）
腿肉薄片…………**4片（100g）**
豆芽菜…………………… 150g
低筋麵粉………………… 適量
A〔美乃滋1.5大匙，胡椒少許〕
沙拉油………………… 1小匙

作法
1 豆芽菜盡可能掐掉根部，洗淨後瀝乾水分。將A拌勻。

2 腿肉薄片直的攤平，撒上低筋麵粉。將1/4量的豆芽菜放在肉片上捲起來，捲到最後再以牙籤封口。

3 沙拉油倒入平底鍋中加熱，2撒上少許低筋麵粉後再放入鍋中煎。表面煎到差不多熟的時候再拿掉牙籤，拿掉牙籤的地方也要煎熟。

4 大約煎8～9分鐘後加入A，邊翻轉肉邊煮到收汁。稍微放涼後再切成容易入口大小。

豬肉和杏鮑菇的雙重美味

180g（2人份）

健康　杏鮑菇撕細絲後再捲較容易入口

番茄罐頭燉煮杏鮑菇肉捲

調理時間 **30**分
1人份 **256** kcal

（食譜提供：藤野）

材料（2人份）
腿肉薄片…………**6片（180g）**
杏鮑菇…………………… 1包
鹽………………………… 1/4小匙
胡椒…………………… 少許
低筋麵粉………………… 適量
A〔番茄罐頭1/2罐（200g），高湯塊1/2塊〕
塔巴斯科辣椒醬、黑胡椒‥各少許
奶油…………………… 1大匙
荷蘭芹（切末）……… 1/2枝

作法
1 杏鮑菇縱撕6等份、放在腿肉薄片上。捲起來，撒上鹽、胡椒和薄薄的低筋麵粉。

2 奶油放入鍋中融化，將1的收口朝下放入鍋中煎，整個都煎熟後再加入A。用炒菜鏟子邊壓扁番茄邊煮。

3 煮滾後撈掉浮沫，蓋上蓋子留點縫，以中小火煮15分鐘。淋上塔巴斯科辣椒醬、黑胡椒，最後撒上荷蘭芹末。

gyukomagireniku,gyukiriotoshiniku
"牛邊角肉"

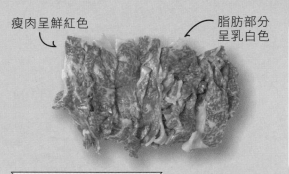

瘦肉呈鮮紅色

脂肪部分
呈乳白色

加工過程中多餘的部分，
便宜又能享受牛肉的美味

牛邊角肉大多是在加工過程中，從牛身上切下來的邊角料，一般來說，肉邊角肉的肉質通常會較為粗糙，有些會含有較多的筋膜或油脂，所以在料理時，需要多加注意。

｜ 營養與調理的祕訣 ｜

●營養特徵
所含的必需胺基酸是優良蛋白質的來源。也含有豐富的鐵、鋅等礦物質。

●調理祕訣
因也有較硬的部位混在裡面，建議可先用洋蔥等能使肉質變軟的蔬菜預先調理。

｜ 保存方法 ｜

分一次使用的分量攤平，用保鮮膜包起來後再放進冷凍用保鮮袋，壓出空氣後封口。（請參照P.10）

●保存期間

| 冷藏 | 2～3天 | 冷凍 | 3週 |

有了邊角肉！就可以做了！

80g ▶ P.130

100g ▶ P.130　P.138

120g ▶ P.137

150g ▶ P.133　P.133　P.136

200g ▶ P.128　P.129　P.131　P.131　P.132　P.133
　　　　P.134　P.136　P.137

300g ▶ P.132　P.135　P.138　P.138

400g ▶ P.132

牛邊角肉

濃厚滋味

200g
（4人份）

下飯　牛肉和蠔油的美味令人吮指回味

蠔油燉煮牛肉豆腐

調理時間**20**分

1人份**331**kcal

材料（4人份）

邊角牛肉片 ························ **200g**

嫩豆腐 ···························· 2塊

蔥 ································· 1根

香菇 ······························ 6朵

片栗粉 ··························· 適量

A〔水500ml，蠔油3大匙，雞
　高湯粉、醬油各1小匙，胡
　椒少許〕

B〔片栗粉1.5大匙，水3大
　匙〕

沙拉油 ·························· 1大匙

芝麻油 ·························· 少許

作法

（食譜提供：市瀨）

1 用厚一點的廚房紙巾將豆腐包起來，上面
壓上重物，靜置15分鐘以瀝掉水分。縱切
對半後再切1.5公分厚，薄薄地撒上片栗
粉。蔥斜切1公分厚，香菇切對半。

2 沙拉油倒入平底鍋中加熱，加入**豆腐，兩
面共煎4～5分鐘，取出備用。**

3 接著炒邊角牛肉片，炒到肉變色後加入
蔥、香菇快速拌炒一下。食材全都裹上油
後再加入A、**2**煮2～3分鐘。接著加入B
的芡水勾芡、淋上芝麻油。

下飯 在日本也能吃到熟悉的韓國家庭料理

韓式牛肉炒冬粉

調理時間 **25**分

1人份 **462** kcal

（食譜提供：相田）

材料（2人份）

邊角牛肉片 …………… **200g**
冬粉（以泡好的）…… **100g**
牛蒡 ……………………… **50g**
胡蘿蔔 ………………… 1/3條
菠菜 …………………… 1/2把
A〔1瓣蒜頭切末，醬油、砂
　糖各1.5大匙，芝麻油2大
　匙〕
鹽、胡椒 ………… 各適量
白芝麻 ………………… 1/2大匙

作法

1 **邊角牛肉片先用A醃**。牛蒡切
絲、泡水、瀝乾水分。胡蘿蔔
切細絲。菠菜汆燙後切4公分
段，瀝乾水分。

2 將**1**的邊角牛肉片加入平底鍋
中拌炒，炒到變色、香味也出
來後再加入牛蒡、胡蘿蔔一起
拌炒。蔬菜都熟了後再加入冬
粉拌炒，撒上鹽、胡椒調味。

3 入味後關火，加入菠菜拌一

下，撒上白芝麻。

各種食材

200g
（2人份）

重點在預先調味

便宜　凍豆腐讓邊角牛肉片更好吃也增量

凍豆腐青椒肉絲

調理時間 **20** 分
1人份 **398** kcal

（食譜提供：牛尾）

材料（2～3人份）
邊角牛肉片 ························ **80g**
凍豆腐 ······························· 3塊
青椒 ································· 4個
蒜頭 ································· 1瓣
薑 ··································· 10g
鹽、胡椒 ······················ 各適量
A〔蠔油、醬油各1大匙，酒2
　 大匙，砂糖2小匙〕
B〔水150ml，雞高湯粉1小
　 匙，片栗粉2小匙〕
芝麻油 ··························· 1大匙

作法
1 邊角牛肉片切1公分寬，撒上
　 鹽、胡椒。
2 凍豆腐泡水、瀝乾水分。切
　 3等份後再切細條狀。**用A醃
　 10分鐘。**
3 青椒去蒂及籽切細絲。蒜
　 頭、薑也切細絲。
4 芝麻油、蒜頭、薑放入平底
　 鍋爆香，香味出來後依序加
　 入1、2拌炒。肉熟後再加入
　 青椒快炒拌炒一下，加入拌
　 勻的B煮滾即完成。

80g
（2人份）

下飯　加了邊角牛肉片讓滿滿食材的玉子燒更有嚼勁

韓式牛肉櫛瓜玉子燒

調理時間 **10** 分
1人份 **255** kcal

（食譜提供：岩崎）

材料（4人份）
邊角牛肉片 ························ **100g**
櫛瓜 ································· 1條
蛋 ··································· 6顆
鹽、胡椒 ······················ 各少許
薄蒜片 ······················· 2瓣
A〔砂糖1小匙，鹽1/5小匙，
　 胡椒少許〕
B〔醬油1.5大匙，醋1/2大匙，
　 白芝麻、芝麻油各1小匙，
　 1/2根紅辣椒切末〕
芝麻油 ··························· 1/2大匙
沙拉油 ··························· 2小匙

作法
1 邊角牛肉片切碎末，撒上
　 鹽、胡椒。蒜頭切末，櫛瓜
　 切粗絲。
2 芝麻油倒入平底鍋中加熱，
　 加入邊角牛肉片拌炒，接著
　 再加入蒜末、櫛瓜快速拌炒
　 一下。
3 蛋打散，加入2、A拌勻後
　 倒入已加熱沙拉油的平底鍋
　 中，**蛋液在半熟狀態前需要
　 攪拌，半熟之後再整形。**蓋
　 上蓋子以小火燜煎3～4分
　 鐘，上下翻面繼續煎。切容
　 易入口大小、盛盤。
4 吃的時候蘸拌勻的B即可。

4人份只要100g牛肉！

100g
（4人份）

蔬菜吸飽了邊角牛肉片的醇厚美味

馬鈴薯燉牛肉

調理時間 **25** 分

1人份 **475** kcal

（食譜提供：小林）

材料（4人份）

邊角牛肉片 ················· **200g**

當季馬鈴薯 ················· 600g

胡蘿蔔 ·························· 1條

洋蔥 ···························· 1顆

豌豆 ···························· 16個

A〔高湯800ml，砂糖3大匙，
　　酒、味醂各2大匙，醬油
　　4～5大匙〕

油炸用油 ······················ 適量

作法

1 馬鈴薯帶皮切對半。胡蘿蔔切2～3公分厚的半月形，洋蔥切1公分厚的月牙形。豌豆去筋。邊角牛肉片切容易入口大小。

2 馬鈴薯、胡蘿蔔加入平底鍋中，倒入蔬菜高度一半的油炸用油、加熱，**煎到能用竹籤刺進去且呈現淺咖啡色**。

3 倒掉平底鍋中的油，加入 **A**、開火，接著加入洋蔥、**2**、邊角牛肉片。煮滾後撈掉浮沫，蓋上蓋子轉小火煮15分鐘。最後加入嫩豆腐再煮一下。

用當季的
馬鈴薯

200g
（4人份）

醋漬邊角牛肉片飄著墨西哥風

墨西哥薄餅

調理時間 **15** 分

1人份 **435** kcal

（食譜提供：小林）

材料（4人份）

邊角牛肉片 ················· **200g**

A〔蒜泥1/4小匙，咖哩粉、砂
　　糖各1/2小匙，酒、醬油、
　　橄欖油各1小匙，蠔油1/2大
　　匙〕

B〔番茄（切1公分塊狀）1
　　顆，1/4顆紅洋蔥切末，現
　　榨檸檬汁1/2大匙，鹽1/3小
　　匙，辣醬少許〕

薄餅（直徑約17公分）··· 8片

紅葉萵苣 ······················ 3葉

酪梨 ···························· 1顆

香菜 ···························· 1根

作法

1 邊角牛肉片用**A**拌勻。

2 將**B**拌勻。

3 開大火加熱平底鍋，加入**1**拌炒，炒到肉變色後取出後備用。

4 洗淨平底鍋，開大火加熱，一片一片地放入薄餅，兩面都要加熱。

5 將手撕容易入口大小的紅葉萵苣、**3**、**2**、切1公分塊狀的酪梨、切3～4公分段的香菜放在**4**上包起來。

派對時
端出！

200g
（4人份）

→ 牛邊角肉

╲ 開心享受口感 ╱

300g
（4人份）

（快速） 牛肉的鮮甜美味和花椰菜超搭配

蠔油炒牛肉花椰菜

調理時間 **10**分

1人份 **336** kcal

材料（4人份）

邊角牛肉片⋯⋯⋯⋯⋯**300g**

花椰菜⋯⋯⋯⋯⋯⋯⋯**300g**

細蔥⋯⋯⋯⋯⋯⋯⋯⋯⋯**50g**

A〔鹽、胡椒各少許，酒、
　片栗粉各2小匙〕

蒜頭⋯⋯⋯⋯⋯⋯⋯⋯1/2瓣

B〔蠔油、醬油各1大匙，砂
　糖1/2小匙，胡椒少許〕

沙拉油⋯⋯⋯⋯⋯⋯⋯⋯適量

作法　　　　（食譜提供：岩崎）

1 邊角牛肉片切一口大小，用**A**抓醃。

2 蒜頭切薄片，花椰菜分小朵後再切1公
分厚，細蔥切3公分段。

3 1大匙沙拉油倒入平底鍋中加熱，加入
花椰菜拌炒，花椰菜都裹滿油再蓋上蓋
子，以小火燜煮3分鐘，取出備用。

4 平底鍋中再加入1大匙沙拉油，加入**1**拌
炒，接著再放入蒜片拌炒，最後再放入
B、**3**、細蔥再拌炒一下。

╲ 口感極佳 ╱

200g
（4人份）

（健康） 炒過美乃滋的油更香醇！

美乃滋咖哩炒牛肉豆芽菜

調理時間 **15**分

1人份 **239** kcal

材料（4人份）

邊角牛肉片⋯⋯⋯⋯⋯**200g**

豆芽菜⋯⋯⋯⋯⋯⋯⋯⋯2袋

胡蘿蔔⋯⋯⋯⋯⋯⋯⋯**100g**

A〔咖哩粉1小匙，醬油、味
　酥各2小匙，鹽少許〕

美乃滋⋯⋯⋯⋯⋯⋯⋯2大匙

細蔥切蔥花⋯⋯⋯⋯⋯適量

作法　　　　（食譜提供：牛尾）

1 盡可能掐掉豆芽菜的根，胡蘿蔔去皮、
切4公分長的細絲。

2 美乃滋加入平底鍋中加熱，加入邊角牛
肉片大致拌炒一下。接著放入胡蘿蔔絲
一起拌炒，等胡蘿蔔軟了再放入豆芽菜
一起拌炒。

3 加入**A**拌炒，等所有食材都裹上咖哩即
可盛盤，撒上蔥花。

╲ 彈牙！ ╱

400g
（4人份）

（健康） 炒的牛肉鎖住美味

牛肉蒟蒻絲冬蔥壽喜燒

調理時間 **10**分

1人份 **391** kcal

材料（4人份）

邊角牛肉片⋯⋯⋯⋯⋯**400g**

蒟蒻絲⋯⋯⋯⋯⋯⋯⋯**200g**

冬蔥⋯⋯⋯⋯⋯⋯⋯⋯**100g**

A〔砂糖4大匙，醬油3大
　匙，水200ml〕

沙拉油⋯⋯⋯⋯⋯⋯⋯2小匙

作法　　　　（食譜提供：重信）

1 蒟蒻絲切3～4公分，汆燙後瀝乾水分。
冬蔥切3公分段。

2 沙拉油倒入鍋中加熱，加入邊角牛肉片
開中大火拌炒，炒到肉變色再加入蒟蒻
絲繼續拌炒1～2分鐘。

3 加入**A**，邊撈掉浮沫邊煮5～6分鐘，煮
到剩1/3量的湯汁，加入冬蔥煮滾。盛
盤，依個人喜好撒上七味粉。

辛辣！

200g
（2人份）

下飯 湯裡的美味讓身體從裡暖到外

牛肉豆腐鍋

調理時間 **15** 分

1人份 **253** kcal

材料（2人份）

邊角牛肉片‥‥‥‥‥‥**200g**

嫩豆腐‥‥‥‥‥‥‥‥1塊

豆芽菜‥‥‥‥‥‥‥‥2袋

水芹‥‥‥‥‥‥‥‥‥1把

白菜泡菜‥‥‥‥‥‥‥200g

A〔水1L，雞高湯粉2大匙，
醬油1大匙〕

作法　　　　　　　（食譜提供：夏梅）

1 豆腐切容易入口大小，豆芽菜掐掉根
部，水芹切4公分段。泡菜切3公分寬。

2 A倒入鍋中煮滾，加入邊角牛肉片、撈
掉浮沫，接著放入豆芽菜、豆腐。

3 再次煮滾後，加入泡菜、水芹繼續煮滾
即完成。

熱呼呼甜滋滋

150g
（2人份）

下飯 很下飯的甜醬汁煮物

牛肉燉地瓜

調理時間 **15** 分

1人份 **532** kcal

材料（2人份）

邊角牛肉片‥‥‥‥‥‥**150g**

地瓜‥‥‥‥‥‥‥‥‥300g

洋蔥‥‥‥‥‥‥‥‥‥1/2顆

A〔高湯300ml，砂糖1.5大
匙，酒、味醂各1大匙，
醬油2大匙〕

作法　　　　　　　（食譜提供：小林）

1 地瓜連皮切一口大小的滾刀塊，稍微泡
一下水後瀝乾。洋蔥切2公分厚的月牙
形。

2 將A倒入鍋（直徑20公分）中拌勻，加
入1、邊角牛肉片大致拌一下開大火。
煮滾後撈掉浮沫，再蓋上落蓋，轉中火
煮10～12分鐘。

150g
（2人份）

新食感！

下飯 用刨片器切薄片，無論是要煮熟還是味道都美味◎

脆炒牛肉馬鈴薯

調理時間 **10** 分

1人份 **306** kcal

材料（2人份）

邊角牛肉片‥‥‥‥‥‥**150g**

馬鈴薯‥‥‥‥‥‥‥‥2個

紅椒‥‥‥‥‥‥‥‥‥1/2顆

A〔鹽少許、酒2小匙〕

片栗粉‥‥‥‥‥‥‥‥1/2小匙

鹽、胡椒‥‥‥‥‥‥各少許

酒、沙拉油‥‥‥‥‥各1大匙

作法　　　　　　　（食譜提供：檢見崎）

1 牛肉先用A醃。馬鈴薯去皮，用刨片器
切薄片，泡水5～6分鐘後瀝乾水分。紅
椒切細絲。

2 沙拉油倒入平底鍋中加熱，加入撒上片
栗粉且抓勻的邊角牛肉片拌炒。差不多
快熟了時再加入馬鈴薯拌炒。

3 炒到馬鈴薯變透明再加入紅椒、鹽、胡
椒、酒一起拌炒到收汁。

洋蔥變身為
主角

200g
（4人份）

下飯　滿滿的湯汁提升待客之道

煎新洋蔥佐牛肉醬

調理時間 **20** 分

1人份 **386** kcal

（食譜提供：大庭）

材料（4人份）

邊角牛肉片 ·················· **200g**
新洋蔥 ························· 4顆
鹽 ···························· 少許
低筋麵粉 ···················· 1/5小匙
白葡萄酒 ···················· 2大匙
牛奶 ·························· 200ml
A〔鹽1/2小匙，胡椒少許〕
奶油 ·························· 2大匙
橄欖油 ························ 2大匙
西洋菜 ························ 8枝

作法

1 切掉一點洋蔥的根部，在輕輕劃十字刀。橫切對半且為避免洋蔥上部散了，先插牙籤。

2 橄欖油倒入平底鍋中加熱，加入**1**煎3分鐘後再上下翻面，兩面都煎到焦黃，再蓋上蓋子燜煎3分鐘，撒上鹽、取出備用。

3 擦一下平底鍋，放入奶油融化，加入邊角牛肉片拌炒。炒到肉變

色撒上低筋麵粉繼續拌炒，接著加入白葡萄酒、水100ml，蓋上蓋子轉小火煮3分鐘。加入牛奶、A調味、拌勻，小火煮到濃稠為止。

4 將**2**盛盤，淋上**3**，旁邊放西洋菜即完成。

薄切肉的牛排風！無論味道還是滿足度都完美◎

蒟蒻骰子牛肉

調理時間 **20** 分

1人份 **294** kcal

（食譜提供：牛尾）

材料（4人份）

邊角牛肉片（或薄切牛五花）······ **200g**

蒟蒻······ 2塊

杏鮑菇······ 1袋

四季豆······ 100（約16根）

鹽、胡椒······ 各少許

低筋麵粉······ 適量

蒜頭切薄片······ 2瓣

A〔醬油、味醂各2大匙，芥末醬1/2小匙〕

沙拉油······ 1大匙

作法

1 **蒟蒻切2公分厚**，用熱水汆燙2分鐘。

2 邊角牛肉片攤開，撒上鹽、胡椒，放上蒟蒻捲起來，撒上低筋麵粉。

3 杏鮑菇縱切薄片，四季豆去頭尾切對半。

4 沙拉油倒入平底鍋中加熱，放入蒜片煎到酥脆後取出。接著用平底鍋中的油煎**2**、**3**，杏鮑菇軟了後取出、盛盤。

5 邊翻邊角牛肉片捲邊煎，煎到焦黃，加入拌勻的**A**、均勻地裹在邊角牛肉片捲上。放入**4**的盤中。

減肥聖品

200g
（4人份）

量雖多
但熱量低

200g
（4人份）

健康　薄薄的蛋皮包著滿滿餡料的越南風味

牛肉炒豆芽菜的越式煎餅

調理時間 **15**分
1人份 **286**kcal
（食譜提供：牛尾）

材料（4人份）
邊角牛肉片 ················· **200**g
蛋 ·································· 4顆
豆芽菜 ···························· 300g
鹽、胡椒 ···················· 各少許
B〔1/2瓣蒜頭切蒜末，1撮紅辣椒末，現榨檸檬汁2小匙，魚露1大匙〕
紅葉萵苣 ························ 1/2顆
香菜 ································· 40g
沙拉油 ·························· 4小匙

作法
1 蛋打散。

2 2小匙沙拉油倒入平底鍋中加熱，加入邊角牛肉片、豆芽菜拌炒，撒上鹽、胡椒。

3 拿另一個平底鍋，加入1小匙沙拉油加熱，倒入半量的**1**，煎薄薄的蛋餅皮，接著再將半量的**2**放在靠近自己的蛋餅皮上，餅皮對半折包起來，盛盤。同樣的方法將剩餘的食材再做一個。

4 拌勻**B**。

5 最後，把紅葉萵苣、香菜切3～4公分，放在**3**旁邊，**4**也附在旁邊。

豐盛的根菜

150g
（2人份）

健康　甜甜辣辣的牛肉搭配豐盛的蔬菜

炒牛肉牛蒡的沙拉

調理時間 **10**分
1人份 **387**kcal

材料（2人份）
邊角牛肉片 ················· **150**g
牛蒡 ······························· 100g
蓮藕 ······························· 100g
紅辣椒末 ························· 1撮
芝麻葉 ···························· 30g
京水菜 ···························· 50g
A〔味醂、醬油各1大匙〕
芝麻油 ·························· 2小匙
美乃滋 ·························· 1小匙
白芝麻 ························· 1/2小匙

作法　　　（食譜提供：牛尾）
1 牛蒡切斜薄片，蓮藕去皮、切薄銀杏葉狀，分別泡在水裡。

2 芝麻葉、京水菜切3～4公分，泡水讓它更脆口，瀝乾水分。

3 芝麻油、辣椒末加入平底鍋中加熱，接著放入邊角牛肉片、瀝乾水分的**1**一起拌炒，加入**A**炒勻。

4 將**2**、**3**交互重疊放在盤子上，擠上細細的美乃滋、芝麻。

肚子無負擔

120g
(4人份)

預防貧血

300g
(4人份)

健康　也可當主食的豐盛蔬菜

牛肉蔬菜的湯

調理時間 **15** 分

1人份 **193** kcal

（食譜提供：上島）

材料（4人份）

邊角牛肉片	**120g**
牛蒡	1/4條
胡蘿蔔	1/4根
地瓜	2條
蔥	1/4枝
蒟蒻	1/4塊
油豆腐	1/2塊
醬油	1/2大匙
A〔味噌1大匙，高湯500ml〕	
B〔醬油2大匙，鹽少許〕	
山椒粉	適量
芝麻油	1/2大匙

作法

1 邊角牛肉片切容易入口大小，用醬油抓醃。

2 牛蒡切一口大小的滾刀塊，泡一下水後瀝乾。胡蘿蔔、地瓜切一口大小的滾刀塊，蔥切1.5～2公分段。蒟蒻用湯匙切一口大小，油豆腐切1.5公分塊狀。

3 芝麻油倒入鍋中加熱，加入**1**拌炒，炒到變色加入**2**繼續拌炒。接著倒入**A**煮，煮到蔬菜變軟再以**B**調味。盛盤，撒上山椒粉。

健康　確實補給牛肉和菠菜的雙重鐵質

蠔油炒牛肉菠菜

調理時間 **10** 分

1人份 **322** kcal

（食譜提供：岩崎）

材料（4人份）

邊角牛肉片	**300g**
菠菜	1把（200g）
洋蔥	1/2顆
A〔醬油、片栗粉各2小匙，酒1小匙，胡椒少許〕	
蒜頭切薄片	1/2瓣
B〔蠔油1大匙，醬油2小匙，砂糖1/3小匙，胡椒少許〕	
芝麻油	2小匙
沙拉油	1大匙

作法

1 邊角牛肉片一口大小，用**A**抓醃。

2 菠菜切4～5公分段，洋蔥切月牙形。

3 芝麻油倒入平底鍋中加熱，加入洋蔥拌炒，炒到洋蔥軟後加入菠菜快炒一下，取出備用。

4 沙拉油倒入平底鍋中加熱，加入**1**、蒜片拌炒。炒到肉變色後加入**B**炒匀，最後再加入**3**拌炒。

牛邊角肉

快炒

300g
（4人份）

豆芽菜撒點粉，口感更好

蠔油炒牛肉豆芽菜、小松菜

調理時間 **10**分

1人份 **269** kcal

（食譜提供：夏梅）

材料（4人份）

邊角牛肉片⋯⋯⋯⋯⋯300g
豆芽菜⋯⋯⋯ 2袋（500g）
小松菜⋯⋯⋯⋯⋯⋯⋯200g
鹽、胡椒⋯⋯⋯⋯⋯各少許
A〔蠔油3大匙，水2大匙〕
低筋麵粉⋯⋯⋯⋯⋯⋯2大匙
沙拉油⋯⋯⋯⋯⋯⋯1.5大匙

作法

1 豆芽菜盡可能掐掉鬚根。小松菜放進耐熱塑膠袋中微波（500W）4分鐘，泡水、切4公分段，擰出水分。牛肉先用鹽、胡椒調味，撒上低筋麵粉。

2 沙拉油倒入平底鍋中加熱，加入邊角牛肉片拌炒。炒到肉變色再**加入豆芽菜、小松菜，開大火快炒1分鐘**，最後加入拌勻的**A**炒勻。

是主食也是小菜

300g
（4人份）

健康 加入豆芽菜，口感佳又健康

牛肉豆腐壽喜燒

調理時間 **20**分

1人份 **367** kcal

（食譜提供：大庭）

材料（4人份）

邊角牛肉片⋯⋯⋯⋯⋯300g
嫩豆腐⋯⋯⋯⋯⋯⋯⋯⋯1塊
豆芽菜⋯⋯⋯ 2袋（400g）
蔥⋯⋯⋯⋯⋯⋯⋯⋯⋯⋯60g
薑絲⋯⋯⋯⋯⋯⋯⋯⋯⋯少許
酒⋯⋯⋯⋯⋯⋯⋯⋯⋯⋯2大匙
A〔味醂2大匙，醬油3大匙〕
七味辣椒粉⋯⋯⋯⋯⋯⋯少許
沙拉油⋯⋯⋯⋯⋯⋯⋯1大匙

作法

1 豆芽菜掐掉鬚根，洗淨、瀝掉水分。豆腐切8等份，蔥切蔥花。

2 沙拉油倒入平底鍋中加熱，加入邊角牛肉片拌炒。炒到肉變色再加入薑絲拌炒，接著加入酒、水100ml煮，煮到滾加入**A**，蓋上蓋子轉小火煮5分鐘。

3 邊角牛肉片撥到一邊，加入豆腐、豆芽菜，蓋上蓋子。**煮5～6分鐘，中間掀蓋拌炒一下豆芽菜**。盛盤，撒上蔥花、七味辣椒粉。

100g
（2人份）

湯汁
也好喝

下飯 牛肉的美味讓洋蔥更加好吃！

牛肉洋蔥塔

調理時間 **15**分

1人份 **294** kcal

（食譜提供：小林）

材料（2～3人份）

邊角牛肉片⋯⋯⋯⋯⋯100g
洋蔥⋯⋯⋯⋯⋯⋯⋯⋯3小顆
A〔高湯50ml，砂糖、醬油各2大匙〕
七味辣椒粉⋯⋯⋯⋯⋯⋯少許
沙拉油⋯⋯⋯⋯⋯⋯⋯1大匙

作法

1 洋蔥切1公分厚的圓片。

2 沙拉油倒入平底鍋中加熱，**洋蔥排在鍋中、蓋上蓋子以中小火燜煎3～4分鐘**（也可以分2次煎）

3 煎到焦黃後上下翻面，**再繼續煎3～4分鐘，重疊疊在盤中**。

4 擦一下平底鍋，加入**A**煮滾後再加入邊角牛肉片煮到肉變色，淋在**3**上，撒上七味辣椒粉。

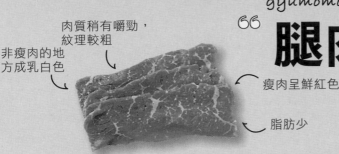

非瘦肉的地方成乳白色

肉質稍有嚼勁，紋理較粗

瘦肉呈鮮紅色

脂肪少

gyumomoniku

" 腿肉 "

牛肉中脂肪最少的部位，能確實品嘗到瘦肉的美味

因為是靠近後腿根部且常活動，是牛肉當中脂肪最少的部位。能確實品嘗到瘦肉才有的美味。

〉 營養與調理的祕訣 〈

●營養特徵
跟里肌和五花等部位比起來，有較豐富的蛋白質、脂肪也少，鐵、鋅、等礦物質，也有豐富的維生素B_3、維生素B群等維生素類。

●調理祕訣
肉塊適合做英式燒牛肉、炙燒。薄肉片則適合做火鍋，肉質就會比較軟嫩。

〉 保存方法 〈

薄肉片分一次使用的分量、攤平或切對半，肉塊則切容易條理的大小，再用保鮮膜包起來再放進冷凍用保鮮袋，壓出空氣後封口。（請參照P.11）

●保存期間　冷藏 2～3天　冷凍 3週

有了腿肉！就可以做了！

120g ▶  P.142 P.146　150g ▶  P.140　600g ▶ P.141

gyuusugiriniku,steak

" 薄肉片‧牛排肉 "

〉 營養與調理的祕訣 〈

●營養特徵
部位雖然不同，但營養價值大同小異，都含有豐富的優良蛋白質和鐵。瘦肉的部分較容易消化。

●調理祕訣
牛排回室溫後再料理就能預防表面煎焦了但裡面還冰冰的問題。

選擇較厚的部位，依料理分別使用

薄肉片可做火鍋、壽喜燒等，牛排肉則較常使用梅花肉，脂肪比例恰到好處，風味佳。

有了薄肉片‧牛排肉！就可以做了！

薄肉片

60g ▶ P.144　200g ▶ P.144 P.144 P.145 P.146

400g ▶ P.145

牛排肉

2片 ▶ P.143 P.143

〉 保存方法 〈

薄肉片分一次使用的分量、攤平，牛排用保鮮膜包起來再放進冷凍用保鮮袋，壓出空氣後封口。（請參照P.11）

●保存期間
冷藏 2～3天
冷凍 3週

健康菜色

150g
（2人份）

清爽　用番茄汁燉煮出的清爽滋味

燴牛肉

調理時間 **40**分

1人份 **381** kcal

（食譜提供：今泉）

材料（2人份）

牛腿肉塊 ························· **150g**

馬鈴薯 ··········· 1大顆（150g）

洋蔥 ················ 1/2顆（100g）

胡蘿蔔 ············ 1/2條（75g）

荷蘭芹 ············ 1/2根（50g）

鴻禧菇 ··········· 1小包（100g）

蒜泥 ················· 1/2瓣（5g）

A〔鹽1/4小匙，胡椒少許〕

低筋麵粉 ····················· 1大匙

B〔水300ml，雞湯塊1/2塊，
　　酒2大匙〕

番茄汁 ·························· 1罐

中濃醬（或伍斯特醬）··· 1～
　　1.5小匙

沙拉油 ························ 1/2大匙

奶油 ···························· 1大匙

作法

1　馬鈴薯去皮、切8等份、泡水。洋蔥先縱切對半後再橫切薄片。胡蘿蔔切1.5公分厚的銀杏葉狀。荷蘭芹、切1公分厚。鴻禧菇切掉根部、撥散。牛腿肉塊切0.5～1公分厚的4公分塊狀，先用A預先調味、撒上低筋麵粉。

2　沙拉油和奶油倒入鍋中加熱，加入洋蔥拌炒。炒到軟後再依序加入牛腿肉塊、胡蘿蔔、荷蘭芹拌炒，接著再加入馬鈴薯拌炒。

3　加入B和番茄汁確實拌勻，煮滾後撈掉浮沫，蓋子不要蓋滿留一小縫，偶爾掀蓋攪拌，燉煮20～25分鐘。牛腿肉塊煮軟嫩後加入鴻禧菇繼續煮5分鐘。最後再以中濃醬進行調味。

（下飯）沒有烤箱也能做出真正的滋味

平底鍋英式燒牛肉

調理時間 **45**分

全量 **1492** kcal

（食譜提供：藤井）

材料（4～6人份）

牛腿肉塊	**600g**
洋蔥	1/4顆
胡蘿蔔	1/3條
A〔鹽1小匙，胡椒少許〕	
白蘭地（或白葡萄酒）	3大匙
B〔鹽、胡椒各適量〕	
西洋菜	1把
C〔巴薩米醋、醬油各1大匙〕	
柚子胡椒	適量
沙拉油	1/2大匙

作法

1 牛腿肉塊從冰箱拿出來回溫1小時，用A抓醃。

2 洋蔥切薄片，胡蘿蔔去皮、切薄圓片。

3 沙拉油倒入平底鍋中加熱，放入牛腿肉塊全部都煎到焦黃取出備用。

4 將**2**鋪在平底鍋中，放上牛肉、淋上白蘭地、蓋上蓋子。以中小火燜燒10分鐘，關火、在鍋中放10分鐘。

5 取出牛腿肉塊用鋁箔紙包起來，靜置10分鐘，讓肉汁確實被肉吸收。

6 在4的平底鍋中倒入200ml的水，煮到剩1/3的水量，再用B調味。

7 牛腿肉塊切薄片、盛盤，旁邊放上西洋菜，佐6的醬汁、拌勻的**C**、柚子胡椒即完成。

待客之道！

600g
（4人份）

減少脂肪

120g
（2人份）

（健康） 棕色的醬加上綠花椰菜，增添白飯色彩

綠花椰菜白飯配酸奶牛肉

調理時間 **30** 分

1人份 **409** kcal

（食譜提供：岩崎）

材料（2人份）

薄腿肉片（瘦肉）…… **120g**	純番茄汁 ……………… 100ml
洋蔥…………………… 1/4顆	A〔法式多蜜醬3大匙，水
鴻禧菇………………… 40g	100ml，鹽1/4小匙，胡椒少
杏鮑菇………………… 1小根	許〕
蘑菇…………………… 6朵	無糖優酪乳 …………… 3大匙
花椰菜………………… 80g	奶油…………………… 2小匙
蒜頭…………………… 1/4瓣	熱呼呼的白飯 ………… 200g
鹽、胡椒……………… 各適量	
低筋麵粉……………… 1/2大匙	

作法

1 薄腿肉片切一口大小，撒上1/6小匙鹽、少許胡椒和低筋麵粉。洋蔥切1.5公分塊狀。鴻禧菇撥散，杏鮑菇的芯切小口、蘑菇切薄片。花椰菜汆燙後切小朵，撒上少許的鹽和胡椒。

2 1小匙奶油加入平底鍋中加熱，接著加入洋蔥、鴻禧菇、杏鮑菇、蘑菇、蒜頭拌炒，炒軟後取出備用。

3 接著再將**1小匙奶油加入鍋中融化，加入薄腿肉片、純番茄汁，開大火拌炒**。放入**2**、**A**拌勻。蓋上蓋子、轉小火煮15分鐘，加入2大匙優酪乳拌勻。

4 綠花椰菜和白飯拌勻後盛盤，淋上**3**、剩餘的優酪乳。

下飯 和風醬與增添美味的瘦肉超搭

熟成牛排

調理時間 **20**分

1人份 **769** kcal

（食譜提供：牛尾）

材料（2人份）

牛排肉（喜好的部位）…… **2**片
（**360g**）

鹽……………………………… 1/2小匙

胡椒…………………………… 少許

A〔1瓣蒜頭切薄片，月桂葉1
葉，橄欖油4大匙〕

洋蔥泥………………………… 1大匙

B〔醬油、味醂、紅葡萄酒
（或酒）各1大匙〕

綠蘆筍………………………… 4條

迷你洋蔥……………………… 3顆

作法

1 牛排肉先撒上鹽、胡椒後再
放進保鮮袋中。接著再加入
**A，壓出空氣、封口，冷藏1
週熟成。**

2 去除綠蘆筍根部及外皮、切
對半。迷你洋蔥切對半。

3 開大火加熱平底鍋，加入瀝
掉一點湯汁的**1**，兩面各煎
30秒～2分鐘，或是依個人喜
好增減時間。將**2**放入鍋中
空位煎，再和牛排肉一起盛
盤。

4 利用平底鍋中殘餘的油脂拌
炒洋蔥，加入**B**煮滾淋在**3**
上。

盛宴！

2片
（2人份）

下飯 品嚐酸甜莓果醬的奢華感

牛排芝麻葉佐
莓果醬沙拉

調理時間 **20**分

1人份 **261** kcal

（食譜提供：上島）

材料（4人份）

牛排肉（瘦肉）…… **2**片（**300g**）

芝麻葉………………… 1袋（**20g**）

嫩菜葉………………… 1包（**40g**）

鹽、胡椒……………………… 各適量

蒜頭…………………………… 1瓣

A〔冷凍莓果（覆盆子、藍莓等
綜合莓果）80～100g，醬
油、巴薩米醋、橄欖油各1大
匙，鹽1/3小匙，胡椒少許〕

沙拉油………………………… 適量

作法

1 要煎牛排肉的30～40分鐘
前先從冰箱取出回溫，撒
上鹽、胡椒。

2 芝麻葉切3～4公分，嫩菜

葉洗淨、瀝乾，一起放入
保鮮袋中冷藏30分鐘以
上。

3 蒜頭去芯、拍扁。

4 沙拉油和**3**一起加入平底
鍋中加熱爆香，香味出來
加入1煎。**煎到變色再上下
翻面，蓋上蓋子從火爐移
開，靜置5分鐘。**

5 取出牛排肉，將**A**加入鍋
中的醬汁中一起煮，煮到
濃稠。

6 牛排肉切0.5公分寬的斜
片，放在鋪了**2**的盤中，淋
上**5**即完成。

在特別的
日子裡

2片
（4人份）

薄切片、腿肉

夏日樂趣！

200g
（4人份）

下飯 電烤盤也OK！BBQ也讚

牛肉和夏季蔬菜的韓式串燒

調理時間 **15**分

1人份 **275** kcal

（食譜提供：夏梅）

材料（4人份）

薄切片牛肉（烤肉用）⋯⋯⋯ **200g**

洋蔥⋯⋯⋯⋯⋯⋯⋯⋯⋯⋯⋯1/2顆

紅椒⋯⋯⋯⋯⋯⋯⋯⋯⋯⋯⋯1個

茄子⋯⋯⋯⋯⋯⋯⋯⋯⋯⋯⋯1條

A〔韓式辣椒醬2大匙，醬
油、薑泥各1大匙，砂糖
2小匙，1瓣蒜頭磨蒜
泥〕

糯米椒⋯⋯⋯⋯⋯⋯⋯⋯⋯⋯8根

沙拉油⋯⋯⋯⋯⋯⋯⋯⋯⋯⋯1大匙

作法

1 將A拌勻，蘸薄切片牛肉。

2 洋蔥、紅椒切2～3公分塊狀。茄子切圓
片，洗一下、瀝乾。

3 **將1、2輪流插入竹籤。**

4 沙拉油倒入平底鍋中加熱，將3排入鍋
中煎5～6分鐘，上下翻面再煎5～6分
鐘。

泡菜分量依
個人喜好加減

60g
（2人份）

清爽 享受牛肉的美味與各種蔬菜的口感

牛肉泡菜湯

調理時間 **15**分

1人份 **136** kcal

（食譜提供：今泉）

材料（2人份）

薄切腿肉片（火鍋用） **60g**

竹筍（水煮）⋯⋯⋯⋯⋯50g

冬蔥⋯⋯⋯⋯⋯⋯⋯⋯⋯2根

白菜泡菜⋯⋯⋯⋯⋯⋯⋯40g

黃豆芽⋯⋯⋯⋯⋯⋯⋯⋯100g

A〔雞湯粉1/2小匙，酒1大
匙，水400ml〕

味噌⋯⋯⋯⋯⋯⋯⋯⋯⋯1/2大匙

醬油⋯⋯⋯⋯⋯⋯1～1.5小匙

沙拉油⋯⋯⋯⋯⋯⋯⋯⋯1/2大匙

作法

1 薄切腿肉片切一口大小，**竹筍切薄片、
汆燙、瀝乾。**冬蔥切3公分段。泡菜切
容易入口大小。

2 沙拉油倒入鍋中加熱，加入筍片拌炒，
接著加入肉片繼續拌炒。加入A煮滾，
撈掉浮沫，再加入黃豆芽煮2分鐘。

3 依序加入冬蔥的蔥白、蔥綠，接著加入
味噌，最後再以醬油調味。盛盤，放上
泡菜即完成。

200g
（2人份）

再多也吃得下

健康 深受大人小孩喜愛的甜味

香煎蘆筍牛肉捲

調理時間 **15**分

1人份 **294** kcal

（食譜提供：檢見崎）

材料（2人份）

薄切腿肉片⋯⋯⋯⋯⋯⋯200g

綠蘆筍⋯⋯⋯⋯⋯⋯⋯⋯6條

A〔醬油1大匙，酒、味醂
各1/2大匙〕

沙拉油⋯⋯⋯⋯⋯⋯⋯⋯1/2大匙

作法

1 將A拌勻，蘸薄切腿肉片。

2 切掉綠蘆筍根部2～3公分、切對半，用
肉片捲起來。

3 沙拉油倒入平底鍋中加熱，將2的收口
朝下放入鍋中煎，邊翻面邊煎。

火鍋肉片和韭菜醬的完美演出

牛火鍋肉片豆芽菜佐韭菜醬

調理時間 **10** 分

1人份 **369** kcal

（食譜提供：牛尾）

材料（4人份）
薄切片牛肉（火鍋用）‥ **400g**
黃豆芽‥‥‥‥‥‥‥‥‥ 400g
A〔韭菜切末50g，薑末5g，
　蒜末1/2瓣，紅辣椒切末1
　撮，醋、醬油各1.5大匙，
　蠔油2小匙〕

作法
1 薄切片牛肉先用溫水（50～70度）汆燙，肉變色後放入冷水中，取出放在漏網上瀝掉水分。

2 黃豆芽用熱水汆燙1分鐘，取出放在漏網上瀝掉水分，等稍微涼了一點再擰出水分。

3 將A拌勻。

4 先將2鋪在盤中，再將1放上，淋上3。

減醣

400g
（4人份）

薄肉片捲洋蔥，增加分量！

麵包粉煎洋蔥起司牛肉捲

調理時間 **15** 分

1人份 **465** kcal

（食譜提供：武藏）

材料（4人份）
薄牛肉切片‥‥‥‥ **8片（200g）**
洋蔥‥‥‥‥‥‥‥‥‥ 1/2顆
起司片‥‥‥‥‥‥‥‥ 4片
鹽、胡椒‥‥‥‥‥‥‥ 各少許
低筋麵粉‥‥‥‥‥‥‥ 適量
蛋液‥‥‥‥‥‥‥‥‥ 1顆
麵包粉‥‥‥‥‥‥‥‥ 適量
檸檬（切三角形）‥‥‥ 適量
橄欖油‥‥‥‥‥‥‥‥ 100ml

作法
1 洋蔥縱切1公分厚。起司片切對半。

2 薄牛肉切片攤平，撒上鹽、胡椒，**一片肉放一片起司、1/8量的洋蔥**。捲起來，依序撒上低筋麵粉、裹上蛋液、再撒上麵包粉。

3 橄欖油倒入平底鍋中，將2排在鍋中，以小火邊上下翻面邊煎3分鐘。盛盤，旁邊放檸檬。

淡淡甜味的洋蔥

200g
（4人份）

不斷地散發出美味

120g
（2人份）

健康　高湯煮牛肉，隱藏著味噌風味

根菜和風咖哩

調理時間 **25**分
1人份 **536**kcal

材料（2人份）
薄牛腿肉片······················· **120g**
牛蒡·················· 1/5條（30g）
蓮藕·················· 1/2小節（75g）
胡蘿蔔················ 1/2小條（50g）
洋蔥·················· 1/2顆（100g）
A〔鹽1/4小匙，酒1大匙〕
咖哩粉、低筋麵粉·····各1大匙
高湯····························· 400ml
B〔薑泥10g，味噌1小匙，
　鹽、胡椒各少許〕
沙拉油························· 1大匙
熱呼呼的白飯················· 300g

作法　　　（食譜提供：今泉）

1 薄牛腿肉片切4公分寬，先用**A**預先調味。牛蒡切斜薄片、泡水、瀝掉水分。蓮藕去皮切薄半月形或銀杏葉狀，泡醋水（分量外）、瀝掉水分。胡蘿蔔去皮切薄半月形，洋蔥縱切對半後再橫切薄片。

2 沙拉油倒入平底鍋中加熱，加入洋蔥、開中火拌炒，炒到軟後再依序加入牛蒡、蓮藕、胡蘿蔔、肉片。

3 炒到肉變色後再撒上咖哩粉、低筋麵粉快速拌炒一下，加入高湯拌勻。煮滾後蓋上蓋子，轉小火煮10分鐘。加入**B**調味，盛入裝著白飯的碗中。

亞洲風味

200g
（4人份）

常備菜　可以做好馬上吃，也可以冰一下再吃

蠔油醋漬牛肉芹菜

調理時間 **15**分
1人份 **206**kcal

材料（4人份）
薄牛肉片······················· **200g**
芹菜····························· 120g
鹽······························· 適量
酒······························· 少許
A〔蠔油3大匙，現榨檸檬汁2
　小匙，芝麻油1大匙〕

作法　　　（食譜提供：堀江幸子）

1 芹菜去筋，切3～4公分段，撒上1/4小匙鹽、輕輕抓醃。

2 煮一鍋滾水，加入少許鹽、酒，放入肉片用筷子邊分開肉片邊燙熟。肉變色後取出放在漏網上瀝掉水分。

3 將1、2放入容器中，淋上拌勻的**A**、輕輕地攪拌均勻、靜置15分鐘。要吃的時候，若有可放上香菜。
※可冷藏保存3天。不須加熱可直接食用。

butahikiniku

豬絞肉

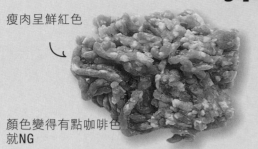

瘦肉呈鮮紅色

顏色變得有點咖啡色
就NG

和洋料理都會用到，
全能食材魅力無窮

五花肉和腿肉等常用肉類，不僅脂肪多、色
澤白、味道濃。若想減少熱量，請選擇腿部
等脂肪少的瘦肉。任何和洋料理都OK！

營養與調理的祕訣

● 營養特徵
高蛋白質，含有豐富的促進新陳代謝、恢復疲勞的維生素B群。

● 調理祕訣
因為味道較重，料理時可加入蔥、薑等佐料，便能輕鬆地做出令
人吮指回味的味道。

保存方法

儘量將其平整，分別一層一層地用錫紙包裹，並
牢牢密封。然後放入冷凍保存袋中。或者將其放
入專用的冷凍保存袋中，展開成片狀。兩種方式
都要儘量排出空氣，然後密封袋口。（參考第11
頁）

● 保存期間

| 冷藏 | 2～3天 | 冷凍 | 3週 |

有了豬絞肉！就可以做了！

100g ▶ P.156　P.156

150g ▶ P.154

200g ▶ P.148　P.150　P.152　P.152　P.155

300g ▶ P.151　P.151　P.153　P.153　P.155

400g ▶ P.149　P.152　P.153　P.154

下飯　茄子有著滿滿的絞肉的蜂蜜味噌美味

絞肉燒茄子

調理時間 **15**分

1人份 **502**kcal

材料（2人份）

豬絞肉……………………**200g**

茄子……………………… 3個

A〔1/3根蔥切蔥花，味噌3大
　匙，蜂蜜1/2大匙〕

B〔片栗粉、水各1大匙〕

薑泥………………………1大匙

沙拉油……………………3大匙

細蔥（切蔥花）………… 適量

作法　　　　　（食譜提供：danno）

1 茄子去蒂、切大滾刀塊。

2 **沙拉油倒入平底鍋中加熱，稍微
煎一下取出備用。**絞肉和A加入
平底鍋中拌炒，肉熟後加入水
100ml。煮滾後放入茄子再煮2～
3分鐘。

3 加入B的芡水，勾好芡後再加入
薑泥拌勻。盛盤，撒上細蔥花。

\入口即化/

200g
（2人份）

奶油萵苣包
著一起吃

400g
（4人份）

健康 絞肉加上蔬菜的美味，食欲全開

奶油萵苣上的秋日蔬菜肉味噌

調理時間 **15** 分

1人份 **397** kcal

材料（4人份）

豬絞肉·····················**400g**
胡蘿蔔·······················100g
香菇···························4朵
茄子···························2個
薑末··························10g

A〔水200ml，味醂、酒各2大
匙，醬油2小匙，砂糖3匙
多，味噌4匙多，薑末
20g〕

沙拉油·······················2大匙
奶油萵苣······················1顆

作法

（食譜提供：武藏）

1. 胡蘿蔔、香菇、茄子切0.5～0.6公分丁。

2. 沙拉油倒入平底鍋中加熱，加入薑末爆香，香味出來後加入**1**拌炒。

3. 炒軟後再加入絞肉拌炒，肉要炒散開來，炒到肉變色後依序加入**A**、轉中小火炒2～3分。

4. 奶油萵苣放在盤子上，即可包著**3**一起吃。

149

滿滿的湯汁！

200g
（4人份）

下飯　只在絞肉調味的爆漿煎餃

煎餃

調理時間 **20** 分

1人份 **267** kcal

材料（4人份）

豬絞肉 ························· **200g**
高麗菜 ························· 250g
蒜頭 ··························· 1/2瓣
薑 ····························· 10g
蔥 ····························· 30g
A〔鹽1/3小匙，胡椒少許，芝
麻油1大匙〕
餃子皮 ···············16～20張
沙拉油 ························· 1大匙
芝麻油 ························· 1大匙

作法　　　（食譜提供：夏梅）

1 高麗菜用保鮮膜包起來微波
（600W）3分鐘，拆開保鮮膜放
冷後切碎末，擰掉水分。蒜頭、
薑、蔥切末。

2 將A加入絞肉中拌勻，接著加入1
拌勻。

3 餃子皮邊緣沾一點水，將2分等
量放在餃子皮上，對折包起來。

4 沙拉油倒入平底鍋中加熱，將3
整齊地排在鍋中煎。煎到焦黃加

入100ml的水，蓋上蓋子、燜煎
5～6分鐘。打開蓋子、讓水分
蒸發，蒸發後再淋上芝麻油。盛
盤，蘸醋、醬油、辣油（分量
外）各適量。

沾溜

清爽 肉汁和刺激味蕾的沾醬一口接一口停不下來

餛飩佐
香味四溢的沾醬

調理時間 **20**分

1人份 **434**kcal

（食譜提供：夏梅）

材料（4人份）
豬絞肉·····························**300g**
蔥·····································1/4根
薄薑片···················30g～40g
韭菜·································1把
A〔鹽1/3小匙，胡椒少許，芝
　麻油1大匙〕
餛飩皮（大張的）※·····24張
蒜頭·································2瓣
沙拉油·····························2大匙
魚露·····························2～3大匙
香菜·································適量
※若沒有大張的，60張一般
　的餛飩皮也OK。

作法
1 蔥、薑、韭菜切碎末。

2 絞肉、拌勻的**A**、**1**一起抓出
　黏性。

3 餛飩邊緣沾水，將2分等量放
　在餛飩皮上、捏緊。

4 蒜頭切末。**放入加熱沙拉油
　的平底鍋中，以小火炒到金
　黃色，關火、加入魚露。**

5 煮一鍋沸水，放入**3**，再次
　沸騰後轉中小火，輕輕地上
　下翻面再煮5分鐘。取出餛飩
　盛入盤中，淋上**4**、撒上切
　小段的香菜。

300g
（4人份）

清爽 加了麩的絞肉，清爽不油膩

春天的高麗菜
肉丸子鍋

調理時間 **25**分

1人份 **186**kcal

（食譜提供：上島）

材料（4人份）
豬絞肉（瘦肉）···············**300g**
春天的高麗菜···············1/2顆
蔥···································1.5根
麩···································10g
A〔1/2根蔥切蔥末，薑泥2小
　匙，酒（無醣的）1大匙〕
B〔高湯600～800ml，鹽1小
　匙〕
醬油·································1/2大匙
芝麻油·····························1大匙

作法
1 將麩放入調理碗中弄碎，加
　入絞肉、**A**拌勻。

2 高麗菜切大塊，蔥斜切0.5公
　分厚。

3 將**B**倒入鍋中煮滾，煮滾後
　加入高麗菜煮到軟，接著再
　加入用湯匙挖出丸子狀的
　1。當肉丸子表面硬了，再
　加入蔥、蓋上蓋子燜煮8分
　鐘。

4 掀蓋、蔥也沉了，最後再以
　醬油調味，再以繞圈方式淋
　上芝麻油。

令人開心的大
顆肉丸子

300g
（4人份）

豬絞肉

小孩也愛的味道

400g（4人份）

加了南瓜的暖心甜味，顏色也美

南瓜漢堡排

調理時間 **15**分

1人份 **315**kcal

材料（4人份）
豬絞肉······················**400g**
南瓜··········200g（去籽後）
A〔1/3根蔥切蔥花，酒1大匙，鹽、薑汁各1/2小匙，胡椒少許〕
片栗粉······················2大匙
沙拉油······················1大匙

作法 （食譜提供：大庭）

1 絞肉放入調理碗中，加入A拌勻、抓出黏性。

2 南瓜去籽和囊，帶皮切0.5公分塊狀，撒上片栗粉。加入1拌勻，全部共分8等份，做出1公分厚的圓形。

3 沙拉油倒入平底鍋中加熱，將2排列在鍋中，蓋上蓋子以中火燜煎2分鐘後，上下翻面再繼續煎3分鐘。

200g（2人份）

多汁的肉汁

就只是堆疊上去，比高麗菜捲還簡單

燉煮絞肉＆高麗菜

調理時間 **40**分

1人份 **273**kcal

材料（2人份）
豬絞肉······················**200g**
高麗菜························6葉
A〔1/8顆洋蔥切碎末，鹽1/4小匙，胡椒少許〕
B〔酒1大匙，高湯塊1/4塊，鹽1/4小匙，胡椒少許，水100ml〕
番茄罐頭······1/4罐（100g）

作法 （食譜提供：岩崎）

1 將A加入絞肉中拌勻。

2 每葉高麗菜都切對半，在鍋中和1交互堆疊，共疊3層。加入B，蓋上蓋子、開火。

3 煮滾後轉小火再煮20分鐘，番茄罐頭的番茄搗碎，連同番茄汁一起倒入鍋中，繼續煮10分鐘。

2袋豆芽菜全加下去！

大量豆芽菜降低熱量，經濟又實惠

豆芽菜擔擔麵風

調理時間 **15**分

1人份 **237**kcal

材料（4人份）
豬絞肉······················**200g**
豆芽菜························2袋
胡蘿蔔····················10公分
細蔥·························適量
A〔水400ml，雞高湯粉1小匙〕
B〔味噌3大匙，白芝麻2大匙〕
辣油·························1小匙
沙拉油························少許

作法 （食譜提供：小林）

1 胡蘿蔔切細絲。細蔥斜切細絲、泡水、瀝掉水分。

2 沙拉油倒入平底鍋中加熱，加入絞肉拌炒。肉炒散後加入胡蘿蔔絲大致拌炒一下，接著加入豆芽菜一起拌炒。

3 加入A，煮滾後蓋上蓋子、轉小火煮8分鐘。

4 胡蘿蔔煮軟後加入B，攪散味噌。盛盤、淋上辣油、撒上細蔥絲。

200g（4人份）

萵苣包絞肉納豆

健康 絞肉加上納豆增加量感

調理時間 **15**分

1人份 **311** kcal

（食譜提供：牛尾）

材料（4人份）

豬絞肉⋯⋯⋯⋯⋯⋯⋯⋯⋯300g
納豆⋯⋯⋯⋯⋯⋯⋯⋯⋯⋯3盒
萵苣⋯⋯⋯⋯⋯⋯⋯⋯⋯1小顆
洋蔥⋯⋯⋯⋯⋯⋯⋯⋯⋯⋯1顆
薑⋯⋯⋯⋯⋯⋯⋯⋯⋯⋯⋯20g
A〔醬油2小匙，鹽2/3小匙〕
芝麻油⋯⋯⋯⋯⋯⋯⋯⋯1大匙

作法

1 洋蔥、薑切末。

2 芝麻油倒入平底鍋中加熱，加入薑爆香，香味出來後加入豬絞肉拌炒，炒到肉變色。接著依序加入洋蔥、納豆一起拌炒，**洋蔥軟了、納豆也不黏了再加入A調味**。

3 萵苣一葉一葉撕下，泡水讓它更清脆，瀝乾水分。

4 將2放在3上，包起來吃。

納豆的香才是重點

300g
（4人份）

燉煮肉丸子蘿蔔小松菜

下飯 一個平底鍋就能做得色香味俱全

調理時間 **30**分

1人份 **340** kcal

（食譜提供：岩崎）

材料（4人份）

豬絞肉⋯⋯⋯⋯⋯⋯⋯⋯⋯400g
白蘿蔔⋯⋯⋯⋯⋯⋯⋯⋯⋯300g
小松菜⋯⋯⋯⋯⋯⋯⋯⋯⋯200g
蔥⋯⋯⋯⋯⋯⋯⋯⋯⋯⋯1/4根
薑⋯⋯⋯⋯⋯⋯⋯⋯⋯⋯⋯5g
A〔蛋1顆，鹽1/4小匙，胡椒少許〕
B〔高湯300ml，醬油2大匙，酒、砂糖各1大匙〕
芝麻油⋯⋯⋯⋯⋯⋯⋯⋯1大匙

作法

1 白蘿蔔切粗絲，小松菜切3公分段。蔥切蔥花，薑磨泥。

2 絞肉和A拌勻抓出黏性後再加入蔥、薑拌勻，分8等份，做成小橢圓形。

3 芝麻油倒入平底鍋中加熱，將2兩面煎到焦黃。**加入白蘿蔔、B，蓋上蓋子，煮滾後轉小火煮10分鐘**，接著再加入小松菜繼續煮5分鐘。

短短的時間真開心！

400g
（4人份）

腐皮捲燒賣

健康 用乾的腐皮來捲，醣值OFF！

調理時間 **25**分

1人份 **242** kcal

（食譜提供：牛尾）

材料（4人份）

豬絞肉⋯⋯⋯⋯⋯⋯⋯⋯⋯300g
乾腐皮4張（1張約5～7g）
水煮干貝罐頭⋯⋯⋯ 2小罐（130g）
A〔1/2根蔥切蔥花，鹽2/3小匙，胡椒少許〕
京水菜⋯⋯⋯⋯⋯⋯⋯⋯100g

作法

1 絞肉抓出黏性，加入瀝掉水分的水煮干貝罐頭、A拌勻。

2 **乾腐皮泡水，將1分4等份，分別放在腐皮上，捲成細長型**。

3 用鋁箔紙包起來，放入加了1公分深的水的平底鍋中，蓋上蓋子、開中火蒸10分鐘（中途水若少了要再加入適量的水）。

4 切容易入口大小，和切3公分段的京水菜一起盛盤。

捲成條狀較輕鬆

300g
（4人份）

飽足

150g
（4人份）

健康 因為有冬粉＆黃豆芽，肉只要150g就很滿足了

青江菜冬粉湯餃

調理時間 **35** 分

1人份 **274** kcal

（食譜提供：市瀨）

材料（4人份）

豬絞肉	**150g**
韭菜	1/2把
白菜泡菜	70g
青菜菜	2顆
冬粉	50g
黃豆芽	1袋
A〔芝麻油、片栗粉各1大匙〕	
餃子皮	20張
B〔1瓣蒜頭切薄片，水1L，雞高湯粉1/2大匙，醬油1.5大匙，鹽1小匙，胡椒、芝麻油各少許〕	

作法

1 韭菜、泡菜切碎末。

2 絞肉、**1**、**A**拌勻抓出黏性。

3 將2分等量，再用餃子皮包起來。

4 青江菜切對半，菜梗切8塊。冬粉若太長就切對半。

5 將**B**倒入平底鍋中拌勻、開火。煮滾後加入菜梗、冬粉，以中小火將冬粉煮5分鐘煮到軟。

6 加入黃豆芽、菜葉，菜葉軟了後再加入**3**，邊翻餃子邊煮4～5分鐘。

加入
口袋名單

400g
（4人份）

下飯 焦香和酸甜的美味

糖醋燒肉丸子

調理時間 **15** 分

1人份 **390** kcal

（食譜提供：上田）

材料（4人份）

豬絞肉	**400g**
鹽	1小匙
胡椒	少許
牛奶	4大匙
麵包粉	100ml
蛋液	1顆
洋蔥末	1顆
蔥絲	20公分
A〔水200ml，番茄醬、醋各4大匙，醬油、砂糖各2大匙〕	
B〔片栗粉、水各4小匙〕	
沙拉油	1大匙

作法

1 絞肉、鹽、胡椒、泡了牛奶的麵包粉、蛋液一起拌勻抓出黏性。加入洋蔥末拌勻，捏成一口大小的丸子（約20個）。

2 蔥絲泡水。

3 沙拉油倒入平底鍋中加熱，將1兩面煎熟，取出備用。

4 洗淨平底鍋，加入**A**、開火。煮滾後加入**B**的芡水勾芡。

5 加入**3**，全都裹上芡。盛盤、放上瀝掉水分的**2**。

一個平底鍋就能簡單做出一吃就愛上的滋味

墨西哥辣豆醬

調理時間 **15** 分

1人份 **339** kcal

（食譜提供：牛尾）

材料（4人份）

豬絞肉 ································· **300g**

敏豆罐頭（水煮） ········· 2罐
　（200g）

茄子 ··································· 3條

番茄 ··································· 1顆

洋蔥 ································· 1/2顆

蒜頭 ··································· 1瓣

A〔番茄汁300ml，月桂葉1
　片，高湯粉1小匙，番茄醬
　2大匙，醬油2小匙，（依
　個人喜好）辣椒粉適量〕

B〔鹽1/2小匙，胡椒少許〕

橄欖油 ···························· 1大匙

作法

1 洋蔥、蒜頭切末。

2 茄子、番茄切1.5公分塊狀。

3 橄欖油倒入平底鍋中加熱，
加入1爆香，香味出來後加入
絞肉一起拌炒。炒到**肉出油
後再加入2、瀝掉水分的敏
豆一起拌炒**。

4 加入A煮5分鐘，再以B調
味。

5 盛盤，依個人喜好撒上荷蘭
芹末。

滿滿的豆
子和蔬菜

300g
（4人份）

絞肉的鮮甜把白蘿蔔變得更加美味

泰式打拋絞肉白蘿蔔

調理時間 **20** 分

1人份 **628** kcal

材料（2人份）

作法　（食譜提供：minakuchi）

豬絞肉 ······················· **200g**

白蘿蔔 ························· 200g

紅椒 ························· 1/2個

芹菜 ····························· 1根

A〔1瓣蒜頭切末，1根辣椒切
　末〕

B〔魚露、番茄糊各1大匙，
　砂糖、蠔油各2小匙，鹽1/2
　小匙，（依個人喜好）辣
　椒醬1小匙〕

沙拉油 ························· 適量

熱呼呼的白飯 ············ 2碗

荷包蛋 ························· 2個

1 白蘿蔔、紅椒、芹菜梗切1公
分塊狀。芹菜葉切粗末。

2 沙拉油、**A倒入平底鍋中開
小火爆香，香味出來後加入
絞肉、轉中火拌炒**。加入白
蘿蔔、紅椒、芹菜梗拌炒，
接著加入B拌炒一下後再加
入芹菜葉快速炒一下。

3 白飯和2盛盤，旁邊放上荷
包蛋。

令人上癮
的辣味

200g
（2人份）

豬絞肉頂出
鮮甜美味

100g
（2人份）

下飯 酸甜的番茄中和了豆瓣醬的辣味

麻婆絞肉番茄

調理時間 **15**分
1人份 **223**kcal
（食譜提供：岩崎）

材料（2人份）

豬絞肉	100g
番茄	2顆
韭菜	2～3枝
A〔½瓣蒜頭，薄薑片2片，蔥¼根〕	
豆瓣醬	½小匙
B〔酒1大匙，醬油2小匙，胡椒少許〕	
C〔片栗粉½小匙，水1小匙〕	
沙拉油	2小匙
芝麻油	1小匙

作法

1 番茄切月牙形，韭菜切2公分段。**A**切末。

2 沙拉油倒入平底鍋中加熱，加入絞肉開大火拌炒，接著再加入**A**、豆瓣醬拌炒。炒到香味出來後再加入**B**拌勻，加入番茄。

3 **番茄炒到軟後再加入C的芡水勾芡**，最後再加入韭菜、芝麻油拌炒。

也適合放在
飯上◎

100g
（2人份）

下飯 絞肉的鮮甜與辣味

麻婆絞肉白蘿蔔

調理時間 **30**分
1人份 **251**kcal
（食譜提供：大庭）

材料（2人份）

豬絞肉	100g
白蘿蔔	¼根
A〔蔥花2大匙，蒜末½小匙〕	
豆瓣醬	½小匙
酒	1大匙
甜麵醬	1大匙
醬油	½大匙
B〔片栗粉、水各1小匙〕	
沙拉油	½大匙
芝麻油	¼大匙

作法

1 白蘿蔔先切4塊再切大滾刀塊。

2 沙拉油倒入炒菜鍋或是平底鍋中加熱，加熱絞肉拌炒。炒到肉變色再**加入A拌炒、接著再加入白蘿蔔、豆瓣醬稍微拌炒一下**，加入酒、水200ml，煮滾後蓋上蓋子、燜煮15～20分鐘。

3 白蘿蔔軟了後再加入甜麵醬、醬油拌勻，蓋上蓋子、轉小火煮4～5分鐘。加入**B**的芡水勾芡，淋上芝麻油、即可盛盤。

torihikiniku

"雞絞肉"

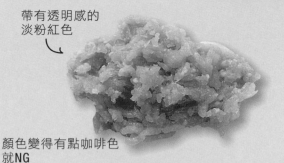

帶有透明感的
淡粉紅色

顏色變得有點咖啡色
就NG

厚重還是清爽？
依所需口感選擇部位

絞肉中最清淡的。脂肪較多的腿絞肉味道較厚重，雞胸肉的脂肪少、味道較清爽。看是做什麼樣的料理，依價格選擇或是個人喜好都行。

營養與調理的祕訣

● 營養特徵
絞肉中熱量最低的。高蛋白質及豐富的維生素A群、B群、K等。

● 調理祕訣
適合做肉燥或雞肉丸等日式料理。美味的祕訣在於發揮雞肉清爽的味道與軟嫩的肉質。

保存方法

分一次使用的分量、攤平用保鮮膜包起來再放進冷凍用保鮮袋。或是放進冷凍用塑膠袋、攤平。無論哪一種方法都要壓出空氣後封口。（請參照P.11）

● 保存期間

| 冷藏 | 2～3天 | 冷凍 | 3週 |

有了雞絞肉！就可以做了！

100g ► P.158

150g ► P.160　P.161

160g ► P.161

200g ► P.159　P.161

360g ► P.162

400g ► P.160　P.160　P.162

人氣的蜂蜜
芥末醬

100g
（2人份）

便宜　雞絞肉x黃豆的鬆軟口感

加了黃豆的雞塊

調理時間 **15**分

1人份 **387**kcal

（食譜提供：牛尾）

材料（2人份）

雞絞肉	100g
黃豆（水煮）	100g
洋蔥	1/4顆
荷蘭芹	10g
片栗粉	1大匙
鹽	1/4小匙
胡椒	少許
油炸用油	適量
A〔美乃滋、蜂蜜各1.5大匙，黃芥末粒1小匙〕	
鹽水氽燙過的綠花椰菜	適量

作法

1　**黃豆、洋蔥、荷蘭芹放入食物調理機絞碎**
（或是將黃豆放入塑膠袋中壓扁後再用菜刀切碎，洋蔥、荷蘭芹切末）。

2　將絞肉、1、片栗粉、鹽、胡椒放入調理碗中拌勻、抓出黏性，分10等份，捏成一口大小的圓形。

3　撒上片栗粉（分量外），放入加熱到170度的油鍋中炸到金黃取出、瀝油。

4　和綠花椰菜一起盛盤，旁邊放拌勻的A。

下飯 濃郁的味噌味道讓你一吃就愛上

味噌炒煮雞絞肉馬鈴薯

調理時間 **25**分

1人份 **277** kcal

（食譜提供：今泉）

材料（4人份）

雞絞肉·························· 200g
馬鈴薯·················· 4～5個
現磨薑汁···················· 少許
蔥花······························ 1根
高湯····················· 250ml
A〔酒3大匙，砂糖2大匙〕
味噌·························· 3大匙
沙拉油······················ 2大匙

作法

1 馬鈴薯切4等份，泡水、瀝掉水分。

2 沙拉油倒入平底鍋中加熱，加入**1**拌炒，整個都裹上油後再加入絞肉和薑汁一起拌炒。炒到肉變色加入高湯，煮滾後撈掉浮沫。加入**A**和一半量的味噌，蓋上蓋子煮15分鐘。

3 加入剩下的味噌和蔥花拌勻，再煮一下。盛盤，依個人喜好撒上七味辣椒粉。

家人都喜歡

200g
（4人份）

雞絞肉

鐵板雞絞肉 × 蓮藕

400g
（4人份）

下飯 甜甜的滋味冷了也好吃，也可帶便當

雞絞肉蓮藕燒

調理時間 **15**分

1人份 **295** kcal

材料（4人份）

雞絞肉⋯⋯⋯⋯⋯⋯⋯**400g**
蓮藕（粗的）⋯⋯12～13公分
蔥⋯⋯⋯⋯⋯⋯⋯⋯⋯1/2根
薑⋯⋯⋯⋯⋯⋯⋯⋯⋯10g
A〔S蛋1顆，片栗粉1大匙，
　　鹽1/4小匙，胡椒少許〕
片栗粉⋯⋯⋯⋯⋯⋯⋯適量
醬油、味醂⋯⋯⋯⋯各2大匙
青紫蘇⋯⋯⋯⋯⋯⋯⋯8片
芝麻油⋯⋯⋯⋯⋯⋯⋯1大匙

作法　　　　　　（食譜提供：牛尾）

1 蔥、薑切末，絞肉和A拌勻，分12等
份。

2 蓮藕切0.5公分的薄片（24片），撒上
醋水（分量外）。

3 擦去蓮藕的水分，一面撒上薄薄的片
栗粉，此面朝內將1夾在中間。

4 芝麻油倒入平底鍋中加熱，放入3，
兩面都煎到焦黃，蓋上蓋子燜煮3分
鐘煮熟。煮熟後加入醬油、味醂再煮
一下，盛盤，放在鋪了青紫蘇的盤
上。

依肉丸子→
蔬菜的順序◎

400g
（4人份）

健康 鬆軟的雞肉丸子和風鍋

雞肉丸子芝麻味噌鍋

調理時間 **15**分

1人份 **306** kcal

材料（4人份）

雞絞肉⋯⋯⋯⋯⋯⋯⋯**400g**
鴻禧菇⋯⋯⋯⋯⋯⋯⋯200g
小松菜⋯⋯⋯⋯⋯⋯⋯200g
A〔1/2根蔥切蔥花，10g薑磨
　　泥〕
B〔S蛋打成蛋液，鹽、胡椒各
　　少許〕
高湯⋯⋯⋯⋯⋯⋯⋯800ml
C〔白芝麻、醬油各2大匙，味
　　噌3大匙〕

作法　　　　　　（食譜提供：牛尾）

1 絞肉揉勻，加入A拌勻，接著再加
入B揉勻。

2 撥散鴻禧菇，小松菜切3～4公分
段。

3 高湯倒入鍋中加熱，用湯匙挖1做
成一口大小的丸子加入鍋中。**煮3
分鐘後加入2再煮5分鐘，最後用C
調味。**

絕對會再來
一碗飯！

150g
（4人份）

便宜 只需一點點就很下飯

雞絞肉青椒絲

調理時間 **15**分

1人份 **116** kcal

材料（4人份）

雞絞肉⋯⋯⋯⋯⋯⋯⋯**150g**
青椒⋯⋯⋯⋯⋯⋯⋯⋯6個
味醂、醬油⋯⋯⋯⋯各1大匙
芝麻油⋯⋯⋯⋯⋯⋯⋯1大匙
山椒粉⋯⋯⋯⋯⋯⋯⋯少許

作法　　　　　　（食譜提供：今泉）

1 **青椒去蒂頭和籽，橫切細絲。**

2 芝麻油倒入平底鍋中加熱，加入絞肉拌
炒，炒到肉變色後加入青椒拌炒。

3 青椒顏色炒得鮮豔後再加入味醂、醬油
拌炒，撒上山椒粉。

200g
（4人份）

鬆軟的肉丸子

（健康） 享一次用完大白菜和其他蔬菜時就做這道！

奶油燉肉丸子大白菜

調理時間 **30**分

1人份 **266** kcal

材料（4人份）

雞絞肉‧‧‧‧‧‧‧‧‧‧‧‧‧‧‧‧‧‧**200g**

大白菜‧‧‧‧‧‧‧‧‧‧‧‧‧‧‧‧‧‧1/4顆

胡蘿蔔‧‧‧‧‧‧‧‧‧‧‧‧‧‧‧‧‧‧1根

洋蔥‧‧‧‧‧‧‧‧‧‧‧‧‧‧‧‧‧‧‧‧1/4顆

A〔酒、水各1大匙，片栗粉
1/2大匙，鹽1/4小匙〕

B〔牛奶400ml，片栗粉2大
匙〕

C〔鹽1小匙，胡椒少許，奶油
20g〕

作法 （食譜提供：藤井）

1 大白菜切一口大小，胡蘿蔔去皮切1
公分圓片，洋蔥切末。

2 洋蔥、**A**加入絞肉中抓勻。

3 鍋中加入400ml的水，開中大火煮
滾，**將2揉成直徑2公分的丸子，加入
鍋中煮2～3分鐘**。撈掉浮沫，加入大
白菜、胡蘿蔔，蓋上蓋子、轉中火煮
15分鐘。

4 加入拌勻的**B**，邊攪拌邊煮煮到濃
稠，接著加入**C**再煮。盛盤，依個人
喜好撒上胡椒。

入口即化的
高麗菜

160g
（2人份）

（健康） 小火慢燉更好吃

番茄口味的高麗菜捲

調理時間 **35**分

1人份 **267** kcal

材料（2人份）

雞絞肉‧‧‧‧‧‧‧‧‧‧‧‧‧‧‧‧‧‧**160g**

高麗菜‧‧‧‧‧‧‧‧‧‧‧‧‧‧‧‧‧‧4片

番茄罐頭‧‧‧‧‧‧‧‧‧‧‧‧‧‧‧‧1罐

A〔麵包粉1/2杯，蛋液1/2
顆，1/4顆洋蔥切末，
鹽、胡椒各少許〕

高湯塊‧‧‧‧‧‧‧‧‧‧‧‧‧‧‧‧‧‧1塊

月桂葉‧‧‧‧‧‧‧‧‧‧‧‧‧‧‧‧‧‧1片

作法 （食譜提供：森）

1 高麗菜稍微汆燙一下，放在漏網上瀝掉
水分。

2 將**A**加入絞肉中抓勻，分4等份，用高
麗菜葉包起來，拿牙籤固定。

3 排在鍋中，加入搗碎的番茄、水
300ml、高湯塊、月桂葉，**煮滾後轉小
火煮20～25分鐘**。盛盤，若有荷蘭芹就
切末撒上。

暖心的固定
菜色

150g
（4人份）

（便宜） 小火煮出雞絞肉的美味

南瓜肉燥

調理時間 **20**分

1人份 **183** kcal

材料（4人份）

雞絞肉‧‧‧‧‧‧‧‧‧‧‧‧‧‧‧‧‧‧**150g**

南瓜‧‧‧‧‧‧‧‧‧‧‧‧‧‧‧‧‧‧‧‧400g

高湯‧‧‧‧‧‧‧‧‧‧‧‧‧‧‧‧‧‧‧‧250ml

A〔醬油、味醂各1.5大匙，
砂糖1大匙〕

作法 （食譜提供：牛尾）

1 南瓜切一口大小。

2 鍋子加熱，**加入絞肉拌炒**，表面炒熟後
加入1。倒入高湯，蓋上落蓋。

3 煮滾後加入**A**，轉小火煮10分鐘。

雞絞肉

蘸蛋黃

360g
（4人份）

便宜　雞絞肉捲蘆筍

雞絞肉蘆筍棒

調理時間 **20**分
1人份 **335** kcal
（食譜提供：牛尾）

材料（4人份）

雞絞肉⋯⋯⋯⋯⋯⋯⋯⋯⋯⋯ **360g**
綠蘆筍⋯⋯⋯⋯⋯⋯⋯⋯⋯⋯ 8根
蔥⋯⋯⋯⋯⋯⋯⋯⋯⋯⋯⋯⋯ 1/2根
片栗粉⋯⋯⋯⋯⋯⋯⋯⋯⋯⋯ 3大匙
蛋白⋯⋯⋯⋯⋯⋯⋯⋯⋯⋯⋯ 2顆
低筋麵粉⋯⋯⋯⋯⋯⋯⋯⋯⋯ 少許
A〔醬油、味醂各3大匙〕
蛋黃⋯⋯⋯⋯⋯⋯⋯⋯⋯⋯⋯ 4顆
沙拉油⋯⋯⋯⋯⋯⋯⋯⋯⋯⋯ 1大匙

作法

1 蔥切蔥花，加入絞肉、片栗粉、蛋白抓勻。

2 蘆筍的後2/3的地方撒上薄薄的低筋麵粉，**用1捲起來（手心抹薄薄的沙拉油（分量外）會比較好包）。**

3 沙拉油倒入平底鍋中加熱，加入 **2**，邊翻面邊煎，蓋上蓋子、轉小火煎5分鐘煎熟。加入拌勻的 **A** 煮。盛盤、蘸蛋黃吃。

也適合當做年菜

400g
（4人份）

用烤箱烤真輕鬆
羊棲菜也補充了礦物質
便宜

雞絞肉玉子燒

調理時間 **25**分
1人份 **236** kcal
（食譜提供：大庭）

材料（4人份）

雞絞肉⋯⋯⋯⋯⋯⋯⋯⋯⋯⋯ **400g**
羊棲菜（乾燥）⋯⋯⋯⋯⋯⋯ 10g
金針菇⋯⋯⋯⋯⋯⋯⋯⋯⋯⋯ 100g
A〔蔥花3大匙，薑泥1小匙，酒、味噌各2大匙〕
蕪菁⋯⋯⋯⋯⋯⋯⋯⋯⋯⋯⋯ 2小顆
小黃瓜⋯⋯⋯⋯⋯⋯⋯⋯⋯⋯ 1條
沙拉油⋯⋯⋯⋯⋯⋯⋯⋯⋯⋯ 少許

作法

1 羊棲菜泡水10分鐘，瀝掉水分。金針菇切1公分，撥散根部。

2 拌勻1、絞肉、**A**。

3 烤盤塗上沙拉油，將 **2** 放上，用菜刀在表面畫格子狀、烤10分鐘。**稍微放涼後再切容易入口大小。**

4 留4公分的蕪菁莖、去掉葉子、削皮後縱切6等份。小黃瓜斜切0.8公分後再斜切對半。和 **3** 一起盛盤。

aibikiniku

"牛豬綜合絞肉"

顏色鮮豔的
深粉紅色

顏色變得有點
咖非色就NG

牛肉和豬肉的精華！
凝縮其美味與濃厚

牛肉和豬肉的組合，能品嘗到來自豬肉的濃厚與鮮嫩以及來自牛肉的鮮甜。有的肉舖會標示牛豬肉的比例，可依個人喜好選擇。

營養與調理的祕訣

● 營養特徵
能均衡地攝取到牛肉和豬肉都有的蛋白質、維生素B群、鐵、葉酸等。

● 調理祕訣
想要有嚼勁就絞粗的，想要口感軟嫩的就絞「兩次」。

保存方法

分一次使用的分量、攤平用保鮮膜包起來再放進冷凍用保鮮袋。或是放進冷凍用塑膠袋、攤平。無論哪一種方法都要壓出空氣後再封口。（請參照P.11）

● 保存期間

冷藏 2〜3天　　　冷凍 3週

有了綜合絞肉！就可以做了！

100g ▶ P.165　P.168　P.170

120g ▶ P.164

150g ▶ P.167　P.169　P.170

200g ▶ P.166　P.171

250g ▶ P.168

300g ▶ P.169　P.172　P.172

350g ▶ P.172

400g ▶ P.167　P.168　P.169　P.171

利用杏鮑菇增量

120g
（2人份）

☀ （ 健康 ） 杏鮑菇的脆嫩與清香，大大提升滿足感

杏鮑菇漢堡肉

調理時間 **20**分

1人份 **231** kcal

（食譜提供：今泉）

材料（2人份）

牛豬綜合絞肉 ················ **120g**

杏鮑菇 ············· 1盒（100g）

甜碗豆 ············· 10個（100g）

小番茄 ············· 4顆（40g）

白蘿蔔 ················ 200g

（白蘿蔔泥100g）

A〔 麵包粉1/4杯，牛奶1大

匙，蛋液1/2顆，鹽1/5小
匙，蔥花30g，片栗粉1小
匙〕

酒 ······························ 1大匙

B〔 柚子醋醬油1.5大匙，白芝
麻1小匙〕

沙拉油 ······················ 1小匙

作法

1 **杏鮑菇切碎末。**甜碗豆去蒂頭和絲。小番茄去
蒂頭後切對半。白蘿蔔磨泥、放在漏網上瀝掉
水分。

2 **將絞肉、杏鮑菇和A放入調理碗中，拌出黏性。**
分2等份，用手輕拍把空氣拍出，整成扁圓形，
中間向內壓。

3 沙拉油倒入平底鍋中加熱，將**2**放入鍋中煎3～
4分鐘。上下翻面，甜碗豆放在肉旁邊，淋上
酒、蓋上蓋子、以小火燜煎4～5分鐘直到熟
透。

4 將**3**盛盤，旁邊放小番茄，白蘿蔔泥放在肉上，
再淋上拌勻的**B**即可。

美味
新發現！

100g
（2人份）

下飯　義大利沾醬和烏龍麵超搭！

普羅旺斯燉菜烏龍麵

調理時間 **15**分

1人份 **494** kcal

（食譜提供：重信）

材料（2人份）

牛豬綜合絞肉	**100g**
茄子	1顆
櫛瓜	$\frac{1}{2}$條
洋蔥	$\frac{1}{4}$顆
牛番茄	1顆
烏龍麵（冷凍）	2片

A〔麵味露（2倍濃縮）
　100ml，水200ml〕

B〔片栗粉1大匙，水2大匙〕

橄欖油 …………………… 1大匙

作法

1 茄子、櫛瓜、洋蔥切1.5公分塊狀。番茄切小塊。烏龍麵依包裝標示煮或微波（600W）加熱，泡冷水、瀝乾。

2 橄欖油倒入平底鍋中加熱，加入洋蔥、絞肉拌炒2～3分鐘。肉炒散後再加入茄子、櫛瓜拌炒2分鐘。接著加入**A**、番茄，**煮滾後加入B的芡水勾芡**。

3 烏龍麵盛盤、蘸著**2**吃即可。

熱量低卻很
濃厚！

200g
（4人份）

便宜　烏龍麵代替義大麵更健康

和風豆腐千層麵

調理時間 **20**分

1人份 **307**kcal

（食譜提供：吉田）

材料（4人份）

牛豬綜合絞肉 ·············· **200g**	比薩用起司 ·············· 50g	
板豆腐 ·············· 1塊	麵包粉 ·············· 2大匙	
洋蔥 ·············· 1/2顆	沙拉油 ·············· 1大匙	
薑 ·············· 10g	奶油 ·············· 少許	
玉米粒 ·············· 4大匙	荷蘭芹末 ·············· 少許	
A〔味噌2大匙，砂糖1.5大匙，酒1大匙，鹽、胡椒各少許〕		

作法

1 豆腐稍微擦掉水分，切1公分厚。洋蔥、薑切末。

2 沙拉油倒入平底鍋中加熱，加入洋蔥、薑拌炒，炒到洋蔥軟了後再加入絞肉拌炒。肉炒散後加入玉米粒，用**A**調味。

3 耐熱皿中薄薄地塗一層奶油，耐熱皿中豆腐和豆腐中間夾**2**的肉味噌，最上面撒上起司、麵包粉。放入已預熱的烤箱中以下火180℃烤8～10分鐘，烤到表面焦脆，撒上荷蘭芹末。

以冬粉增量的韓式料理

綜合絞肉彩椒的簡單韓式炒冬粉

調理時間 **15** 分

1 人份 **389** kcal

（食譜提供：今泉）

材料（2人份）

牛豬綜合絞肉 ·····················**150g**

彩椒（紅）·····························1顆

細蔥 ·····················1/2把（50g）

冬粉 ···································50g

A〔醬油1.5大匙，酒、砂糖、芝麻油各1/2大匙，1瓣蒜頭切蒜末，胡椒少許〕

芝麻油 ·································1大匙

作法

1 彩椒先切4塊後再橫切細絲。細蔥切4公分段。冬粉汆燙2～3分鐘，泡冷水、瀝掉水分，切容易入口大小。

2 將A加入絞肉中，用筷子拌勻。

3 芝麻油倒入平底鍋中加熱，加入彩椒拌炒。炒軟後再加入細蔥快速拌炒一下，盛入調理碗中。

4 將2加入平底鍋中拌炒，炒到肉變色後再加入冬粉拌炒。入味後再加入3拌勻，嚐一下味道，不夠鹹再加鹽（分量外）。

勾人食慾的元氣色彩

150g
（2人份）

蕈菇拌絞肉，增量添美味

和風照燒蕈菇漢堡肉

調理時間 **20** 分

1 人份 **384** kcal

（食譜提供：市瀨）

材料（4人份）

牛豬綜合絞肉 ·····················**400g**

金針菇 ·····························2大包

鴻禧菇 ·······························1包

A〔蛋液1顆，麵包粉1/2杯，鹽1/4小匙，胡椒少許〕

B〔水3大匙，醬油2大匙，味醂、砂糖各1.5大匙，片栗粉2/3小匙〕

沙拉油 ·································1大匙

水菜切3公分 ·····················1/2把

作法

1 金針菇切1公分小段。鴻禧菇分小房。

2 **金針菇、絞肉、A拌勻並抓出黏性**，分4等份，整成1.5公分厚的小圓形。

3 將B拌勻。

4 1/2大匙沙拉油倒入平底鍋中加熱，加入2煎2～3分鐘。煎到焦黃後上下翻面，蓋上蓋子、以小火燜煎6分鐘，盛盤。

5 1/2大匙沙拉油倒入平底鍋中加熱，加入鴻禧菇拌炒。炒軟後再加入3拌勻，拌到呈現黏稠，淋在4上，旁邊放水菜即完成。

滿滿的膳食纖維

400g
（4人份）

牛豬綜合絞肉

圓圓的真可愛

250g
（4人份）

下飯 韓國辣椒醬帶出甜辣滋味

韓式馬鈴薯燉肉

調理時間 **40**分
1人份 **331** kcal

材料（4人份）
牛豬綜合絞肉⋯⋯⋯⋯⋯**250g**
小馬鈴薯⋯⋯⋯⋯⋯⋯⋯600g
蔥花⋯⋯⋯⋯⋯⋯⋯⋯⋯8公分
蒜末⋯⋯⋯⋯⋯⋯⋯⋯⋯1/2瓣
A〔酒3大匙，水300ml〕
砂糖⋯⋯⋯⋯⋯⋯⋯⋯⋯1大匙
韓國辣椒醬⋯⋯⋯⋯⋯⋯1大匙
醬油⋯⋯⋯⋯⋯⋯⋯⋯⋯2.5大匙
白芝麻⋯⋯⋯⋯⋯⋯⋯⋯1/2大匙
芝麻油⋯⋯⋯⋯⋯⋯⋯⋯1大匙

作法
（食譜提供：大庭）

1 用叉子在馬鈴薯上刺3～4個洞。

2 芝麻油倒入平底鍋中加熱，加入絞肉拌炒，炒到肉變色加入1拌炒，接著再加入蔥花、蒜末拌炒。繼續加入A，煮滾後加入砂糖拌勻，轉小火、蓋上蓋子煮15分鐘。

3 加入韓國辣椒醬、醬油拌勻，蓋上蓋子煮15分鐘，中途掀蓋攪拌，最後加入芝麻拌勻即完成。

隱藏的黃芥末味道

100g
（2人份）

健康 秋葵的黏液裹在絞肉上

美乃滋炒絞肉秋葵

調理時間 **15**分
1人份 **182** kcal

材料（2人份）
牛豬綜合絞肉⋯⋯⋯⋯⋯**100g**
秋葵⋯⋯⋯⋯⋯⋯⋯⋯⋯100g
洋蔥⋯⋯⋯⋯⋯⋯⋯⋯⋯1/4顆
蒜頭⋯⋯⋯⋯⋯⋯⋯⋯⋯1瓣
A〔黃芥末1小匙，薄口醬
　　油、鹽、胡椒各少許〕
美乃滋⋯⋯⋯⋯⋯⋯⋯⋯1大匙
鹽⋯⋯⋯⋯⋯⋯⋯⋯⋯⋯適量

作法
（食譜提供：石澤）

1 秋葵撒上鹽後在砧板上滾一滾，洗淨、擦乾，縱切對半。洋蔥、蒜頭切末。

2 美乃滋加入平底鍋中，開小火融化，接著加入洋蔥末、蒜末拌炒。全都找軟後加入絞肉炒散，最後再以A調味。

3 加入秋葵繼續拌炒2分鐘。

美味滿點

400g
（4人份）

便宜 牛豬綜合絞肉取代牛肉，經濟又實惠

牛豬絞肉燴番茄

調理時間 **35**分
1人份 **463** kcal

材料（4人份）
牛豬綜合絞肉⋯⋯⋯⋯⋯**400g**
番茄⋯⋯⋯⋯⋯⋯⋯⋯⋯4顆
洋蔥⋯⋯⋯⋯⋯⋯⋯⋯⋯1顆
低筋麵粉⋯⋯⋯⋯⋯⋯⋯4大匙
酒⋯⋯⋯⋯⋯⋯⋯⋯⋯⋯100ml
A〔中濃醬3大匙，番茄醬4
　　大匙，高湯粉1小匙，鹽
　　2/3小匙〕
荷蘭芹（切末）⋯⋯⋯⋯適量
沙拉油⋯⋯⋯⋯⋯⋯⋯⋯2大匙

作法
（食譜提供：武藏）

1 番茄切一口大小。洋蔥切薄片。

2 沙拉油倒入平底鍋中加熱，加入洋蔥拌炒。炒軟後加入絞肉拌炒，炒到肉變色後加入低筋麵粉，將所有食材都裹上麵粉。

3 加入番茄、繞著圈倒入酒。蓋上蓋子以小火煮10分鐘，不時以木炒菜鏟壓碎、拌勻。**接著將A依序加入調味，以中小火煮6～7分鐘**。盛盤、撒上荷蘭芹末。

油豆腐皮取代麵包粉做成麵衣

炸油豆腐皮肉餅

調理時間 **15**分

1人份 **439** kcal

材料（4人份）

牛豬綜合絞肉 …………**400g**

油豆腐皮 ……………………4片

A〔1/2顆洋蔥切末，蛋1
　　顆，大豆渣粉4大匙，
　　鹽、胡椒各少許〕

高麗菜絲 …………………150g

作法
（食譜提供：牛尾）

1 油豆腐皮切對半，打開成袋狀。

2 將絞肉、**A**拌出黏性，分8等份，塞到1
　裡面。

3 **不用油，開中火加熱平底鍋，直接將2
　放入煎**。兩面都煎到焦黃後蓋上蓋子，
　燜煎8分鐘，煎到熟。

4 盛盤、旁邊放高麗菜絲，可依個人喜好
　蘸黃芥末或是醬油吃。

香酥脆

400g
（4人份）

下飯 因為食材都熟了，就不必炸太久

牛豬絞肉高麗菜春捲

調理時間 **20**分

1人份 **629** kcal

材料（2人份）

牛豬綜合絞肉 …………**150g**

高麗菜 ……………………200g

鹽 …………………………1/4小匙

胡椒 ………………………少許

比薩用起司 ………………40g

青紫蘇 ……………………8片

春捲皮 ……………………8張

低筋麵粉 …………………適量

油炸用油 …………………適量

作法
（食譜提供：牛尾）

1 高麗菜切絲。

2 加熱平底鍋，加入絞肉拌炒，炒到出油
　後再加入1拌炒，撒上鹽、胡椒。**稍微
　放涼後加入起司拌勻**。

3 春捲皮上先放一片青紫蘇，再放上1/8 **2**
　的量、包起來。邊緣抹上以同量的水拌
　勻低筋麵粉的麵粉水。

4 放入加熱到160度的油鍋中炸，油溫慢
　慢地提高，炸到酥脆。依個人喜好蘸柚
　子醋醬油、番茄醬。

酥脆！

150g
（2人份）

 健康 滿滿番茄紅素的成熟番茄，營養也滿分！

漢堡排佐新鮮番茄醬

調理時間 **20**分

1人份 **300** kcal

材料（4人份）

牛豬綜合絞肉 …………**300g**

番茄 ……… 1大顆（200g）

洋蔥 ………………………1/2顆

麵包粉 ……………………3大匙

A〔橄欖油2大匙，鹽1/3小
　　匙，砂糖1小匙，胡椒、
　　蒜泥各少許〕

B〔蛋1顆，鹽1/4小匙，胡
　　椒、肉豆蔻各少許〕

沙拉油 ……………………1大匙

作法
（食譜提供：檢見崎）

1 番茄切1公分塊狀，和**A**一起拌勻，放
　入冰箱冷藏入味。

2 洋蔥切末，撒上麵包粉。加入絞肉、**B**
　拌出黏性。

3 **分4等份，輪流在左右手掌心互拋3～4
　次，以拍出空氣**，整成小圓形。

4 沙拉油倒入平底鍋中加熱，加入3，煎
　到焦黃後上下翻面，兩面都要煎。拿竹
　籤刺一下，如果流出清澄的肉汁就可盛
　盤，淋上**1**即完成。

正統味道

300g
（4人份）

新鮮的或冷凍的青豆都OK

150g（2人份）

下飯　咖哩炒絞肉新馬鈴薯

咖哩炒絞肉馬鈴薯

調理時間 **25** 分

1人份 **360** kcal

（食譜提供：夏梅）

材料（2人份）
牛豬綜合絞肉 ·················· **150g**
小馬鈴薯 ·················· 小顆 **200g**
青豆 ·············· **50g**（已去豆莢）
蒜頭薄片 ····························· 1瓣
A〔咖哩粉、番茄醬各1.5大匙〕
沙拉油 ································ 1大匙

作法

1 馬鈴薯帶皮洗淨，放入耐熱皿中。鬆鬆地蓋上保鮮膜，微波（500W）3分鐘，上下翻面，再加熱1～2分鐘，能讓竹籤穿透為止，切對半。

2 青豆放入加了少許鹽（分量外）的熱水中煮5分鐘，直接在鍋中放冷，冷了再放在濾網上（若是冷凍的就淋熱水解凍）。

3 沙拉油倒入平底鍋中加熱，加入蒜片用小火爆香，香味出來後再加入絞肉拌炒，炒到肉散開來。肉快熟前加入馬鈴薯、青豆、A拌炒2～3分鐘即完成。

超下飯的香料！

100g（2人份）

下飯　暖入身體的正統味道

香料咖哩

調理時間 **25** 分

1人份 **479** kcal

（食譜提供：牛尾）

材料（2人份）
牛豬綜合絞肉 ·················· **100g**
番茄 ································· 1顆
洋蔥 ······························· 1/4顆
蒜頭、薑 ··············· 1瓣、10g
秋葵 ································· 6根
A〔小茴香1小匙，辣椒粉、薑黃各1/2小匙，香菜、印度馬撒拉綜合香料各1/2小匙多〕
無糖優酪乳 ···················· 3大匙
B〔砂糖1小匙，鹽1/2小匙，胡椒少許〕
沙拉油 ···························· 1小匙
熱呼呼的白飯 ················· 適量

作法

1 洋蔥、蒜頭、薑切末。番茄切一口大小，秋葵去蒂頭後斜切對半。

2 沙拉油倒入平底鍋中加熱，加入蒜末、薑末爆香，香味出來後加入洋蔥拌炒。炒到洋蔥呈透明且軟了後再加入絞肉拌炒。

3 加入番茄、秋葵快速拌炒一下，加入A繼續拌炒。加入優酪乳、蓋上蓋子以小火燜煮5分鐘。以B調味，和白飯一起盛盤。
※A的香料換成咖哩粉也OK。

培根的美味
滿點

400g
（4人份）

下飯 沒有模型就用鋁箔紙輕輕鬆鬆完成

簡單做肉捲

調理時間 **35** 分
1人份 **452** kcal
（食譜提供：牛尾）

材料（4人份）

牛豬綜合絞肉	**400g**
洋蔥	1/2顆
麩	20g
鹽	1/4小匙
胡椒	少許
蛋液	S 1顆
培根	4片
水煮蛋	3顆
A〔紅葡萄酒2大匙，番茄醬1大匙，中濃醬、醬油各1小匙〕	
西洋菜	適量

作法

1 洋蔥切末，**麩壓碎**。
2 絞肉加鹽、胡椒一起拌勻，接著再加入**1**、蛋液拌出黏性。
3 培根縱向排列在裁成30x40公分的鋁箔紙上，上面放2、鋪平，再放上水煮蛋紮實地捲起來，收口朝下，再拿另一張鋁箔紙再包一層。
4 放入平底鍋中、倒入200ml的水，蓋上蓋子開大火。煮滾後邊翻面邊以小火煮20分鐘，熟了後取出。
5 **A**加入平底鍋中煮滾。
6 待**4**冷了後切容易入口大小，盛盤、旁邊放西洋菜，淋上**5**即完成。

有益腸道蠕動◎

200g
（4人份）

健康 雖然比市售的咖哩塊濃但更健康

荷包蛋大豆渣咖哩

調理時間 **15** 分
1人份 **601** kcal
（食譜提供：市瀨）

材料（4人份）

牛豬綜合絞肉	**200g**
洋蔥	1顆
蒜頭	1瓣
大豆渣	200g
咖哩粉	2大匙
A〔水200ml，高湯粉2小匙，番茄醬3大匙，伍斯特醬1大匙，鹽、胡椒各少許〕	
蛋	4顆
熱呼呼的白飯	4碗
荷蘭芹末	適量
沙拉油	適量

作法

1 洋蔥、蒜頭切末。
2 加熱平底鍋，**空炒大豆渣3～4分鐘，取出備用**。
3 1大匙沙拉油倒入平底鍋中加熱，加入**1**拌炒。炒到洋蔥軟了再加入絞肉炒散。肉變色後加入咖哩粉拌炒均勻。
4 加入**A**、**2**拌炒1～2分鐘。
5 少許沙拉油倒入另一個平底鍋中加熱，打蛋進去煎荷包蛋，依個人喜好決定蛋的熟成度。
6 白飯盛入碗中，放上**4**、**5**，撒上荷蘭芹末。

牛豬綜合絞肉

加了籽營養滿點！

300g
（4人份）

下飯　青椒籽也一起放入絞肉中的升級版食譜

和風煮青椒鑲肉

調理時間 **20**分

1人份 **318** kcal

材料（4人份）　　　　　　　　　作法　　　　　　　（食譜提供：牛尾）

牛豬綜合絞肉 …………… **300g**

青椒 ………………………… 12顆

洋蔥 ………………………… 1/4顆

杏鮑菇 ……………………… 1根

A〔S蛋1顆，鹽1/4小匙，胡
　椒少許〕

低筋麵粉 …………………… 適量

芝麻油 ……………………… 1大匙

B〔酒、醬油、味醂各2大
　匙，砂糖、柚子醋醬油
　各1小匙〕

1 切掉青椒頭、取籽，籽留下不要丟。

2 洋蔥、杏鮑菇切末。

3 **青椒籽、2、A加入絞肉裡拌出黏性**，
　分12等份。

4 每一顆青椒內撒1/2小匙低筋麵粉，邊轉
　青椒邊撒入，接著再將3塞入。

5 芝麻油倒入平底鍋中加熱，加入4，從
　肉的那一面開始煎，煎到焦黃再慢慢地
　邊翻轉邊煎。蓋上蓋子燜煎3分鐘，煎
　熟後加入B煮。

350g
（4人份）

令人垂涎三尺
的芹菜香

下飯　加了麩在裡面的絞肉、鬆軟又多汁

紅燒漢堡肉

調理時間 **30**分

1人份 **309** kcal

材料（4人份）　　　　　　　　　作法　　　　　　　（食譜提供：上島）

牛豬綜合絞肉 …………… **350g**

A〔麩15g，1/4顆洋蔥切末，蒜
　泥1小匙，蛋1顆，高湯粉1/2
　大匙〕

芹菜 ………………………… 1/2根

鴻禧菇 ……………… 1包（150g）

B〔番茄罐頭（整顆）1罐
　（400g），中濃醬（無醣
　質）1大匙，水50ml〕

鹽、胡椒 ………………… 各適量

沙拉油 ……………………… 1/2大匙

1 絞肉和A拌出黏性，分8等份，揉成
　圓形後壓扁。

2 芹菜分開葉子和莖，葉子切碎末，
　莖去絲後切粗末。

3 橄欖油倒入平底鍋中加熱，將1的
　兩面煎到焦黃後取出備用。

4 芹菜莖、鴻禧菇加入平底鍋中拌
　炒，炒到軟後加入B、3，中途上
　下翻面、煮15分鐘。最後再以鹽、
　胡椒調味，盛盤、撒上芹菜葉碎末
　即完成。

豆芽菜真對
味！

300g
（4人份）

健康　豆芽菜和牛奶讓辛辣變得溫和了

牛豬絞肉豆芽菜牛奶咖哩

調理時間 **20**分

1人份 **589** kcal

材料（4人份）　　　　　　　　　作法　　　　　　　（食譜提供：重信）

牛豬綜合絞肉 …………… **300g**

豆芽菜 ……………………… 2袋

咖哩塊 ……………………… 70g

醬油 ………………………… 1大匙

牛奶 ………………………… 200ml

沙拉油 ……………………… 1大匙

熱呼呼的白飯 …………… 4碗

1 盡量掐掉豆芽菜根，沙拉油、絞肉加入
　平底鍋中，開中大火拌炒，炒3～4分
　鐘，炒到肉散開。接著加入豆芽菜拌炒
　1～2分鐘，出水後開大火炒2～3分鐘，
　炒到水分蒸發。

2 加入600ml水，煮滾後關火，加入咖哩
　塊，融化後再次開火，拌煮1～2分鐘，
　煮到濃稠。最後加入醬油、牛奶，煮滾
　前的瞬間關火。

3 盛盤、淋上2，搭配白飯。

gyuhikiniku

"牛絞肉"

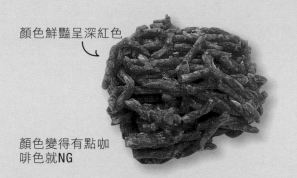

顏色鮮豔呈深紅色

顏色變得有點咖啡色就NG

輕輕鬆鬆就能享受牛肉的鮮美滋味與風味

有脂肪多的也有瘦肉多的,皆具有獨特的味道與風味。不但價格低也容易品嘗到牛肉的美味,提升了料理本身的滋味。

營養與調理的祕訣

● 營養特徵
瘦肉多的含有豐富的蛋白質、鐵、鋅等,絞肉會比較容易消化。

● 調理祕訣
做肉丸了的時候加入低筋麵粉或是片栗粉、蛋等,就能鎖住肉汁、保有牛肉的美味。。

保存方法

分一次使用的分量、攤平用保鮮膜包起來再放進冷凍用保鮮袋。或是放進冷凍用塑膠袋、攤平。無論哪一種方法都要壓出空氣後封口。（請參照 P.11）

● 保存期間

| 冷藏 | 2〜3天 | 冷凍 | 3週 |

有了牛絞肉,就可以做了!

100g ▶  P.175

250g ▶  P.174

200g ▶  P.176

 P.176

 P.176

 P.176

300g ▶ P.175

• memo •

想要美味完食,建議冷凍保存!

由於絞肉多是直接接觸到空氣的面,因此容易壞。一但氧化,味道也會變差,與其冷藏到保存期間,不如分小份冷凍就可美味完食了。

爆漿肉汁

250g
（2人份）

下飯　融化的起司，美味的漢堡肉排

起司漢堡肉排

調理時間 **25**分

1人份 **607** kcal

（食譜提供：牛尾）

材料（2人份）

牛絞肉 ····································· **250g**

洋蔥 ······································· 1/4顆

A〔蛋液1/2顆，麵包粉4大匙，牛奶1大
　　匙，鹽、胡椒各少許〕

起司片 ····································· 2片

B〔酒、番茄醬各2大匙，中濃醬、醬
　　油各1大匙，砂糖2小匙〕

四季豆 ····································· 12根

小番茄 ····································· 4顆

沙拉油 ····································· 適量

作法

1 洋蔥切末，四季豆去蒂頭、切對半。

2 **絞肉拌出黏性，加入洋蔥、A繼續拌勻**，分2等份、整
　　成小圓形。

3 沙拉油倒入平底鍋中加熱，加入四季豆煎，撒上少許
　　鹽、胡椒（分量外），取出備用。

4 大火加熱的平底鍋中塗抹薄薄的拉油，放入**2**排整
　　齊。兩面各煎1分30秒，蓋上蓋子、轉中火燜煎5分
　　鐘。起司片放在肉排上，再次蓋上蓋子燜煎2分鐘，煎
　　熟後盛盤。

5 將**B**加入還有油的平底鍋中煮滾，淋在**4**上，旁邊放
　　3、小番茄。

肉的鮮甜與春天蔬菜的甘甜，絕配！

清脆春天蔬菜肉醬

調理時間 **20**分
1人份 **678**kcal
（食譜提供：重信）

300g
（4人份）

一盤當季
食材

材料（4人份）

牛絞肉	**300**g
春天的高麗菜	2大片
春天的胡蘿蔔	1/2根
新洋蔥	1顆
義大利麵（粗）	320g
沙拉油	1大匙
番茄罐頭	1罐
A〔鹽2/3小匙，胡椒少許〕	
起司粉	適量
溫泉蛋	4顆

作法

1 胡蘿蔔斜切薄片後再切條狀。高麗菜切2公分塊狀，洋蔥切薄片。

2 沙拉油倒入平底鍋中加熱，洋蔥稍微拌炒後加入絞肉。**開中大火炒到肉散開來，接著再加入胡蘿蔔拌炒。**

3 繼續加入切塊的番茄和罐頭裡的番茄汁、**A**、轉小火煮5～6分鐘。加入高麗菜，煮軟了後關火。

4 義大利麵煮熟後盛盤，淋上**3**、撒上起司粉，上面再放上一顆溫泉蛋。

食材的美味配上刺激的辛辣味，一口接一口

辣牛絞肉番茄湯

調理時間 **20**分
1人份 **192**kcal
（食譜提供：檢見崎）

香辣又美味

100g
（2人份）

材料（2人份）

牛絞肉	**100**g
芹菜	40g
牛蒡	50g
洋蔥切末	1/4顆
番茄罐頭（番茄已切好）	100g
四季豆	50g
A〔1/2瓣蒜頭切末，紅辣椒1支，橄欖油1/2大匙〕	
B〔辣椒粉1小匙，月桂葉1/2片〕	
C〔鹽1/4小匙，胡椒少許，醬油1/2小匙〕	

作法

1 芹菜、牛蒡去皮切1公分塊狀，四季豆切2公分段，**A**的紅辣椒去籽、切末。

2 **A**加入鍋中開中火爆香，香味出來後加入絞肉拌炒。肉炒熟後加入芹菜、牛蒡、洋蔥拌炒到軟。接著加**入B繼續拌炒，全部都拌炒均勻後加入番茄、熱水300ml。**

3 煮滾後轉小火再煮7～8分鐘，牛蒡軟了後再加入四季豆煮，最後以**C**調味。

牛絞肉

辣！元氣滿滿！

200g
（4人份）

韭菜最後再加，口感和香味都UP

韓式牛絞肉韭菜炒烏龍麵

調理時間 **15**分

1人份 **322** kcal

材料（4人份）

牛絞肉‧‧‧‧‧‧‧‧‧‧‧‧‧‧‧‧‧‧‧**200g**
韭菜‧‧‧‧‧‧‧‧‧‧‧‧‧‧‧‧‧‧‧‧‧‧‧50g
白菜泡菜‧‧‧‧‧‧‧‧‧‧‧‧‧‧‧‧‧‧100g
烏龍麵‧‧‧‧‧‧‧‧‧‧‧‧‧‧‧‧‧‧‧‧‧3片
醬油‧‧‧‧‧‧‧‧‧‧‧‧‧‧‧‧‧‧‧‧‧2小匙
鹽、胡椒‧‧‧‧‧‧‧‧‧‧‧‧‧‧各少許
芝麻油‧‧‧‧‧‧‧‧‧‧‧‧‧‧‧‧‧‧‧1大匙

作法 （食譜提供：重信）

1 韭菜切5公分段。用熱水稍微燙一下烏龍麵，先放在漏網上，接著再過冷水。泡菜切容易入口大小。

2 芝麻油倒入平底鍋中加熱，加入絞肉拌炒，炒到肉散開來後再加入烏龍麵拌炒。

3 加入泡菜快速拌炒一下，最後再醬油、鹽、胡椒調味。盛盤後再加入韭菜拌一下。

200g
（2人份）

鬆鬆軟軟的

形成對比的鮮甜肉燥和地瓜，絕贊

肉燥地瓜

調理時間 **30**分

1人份 **540** kcal

材料（2人份）

牛絞肉‧‧‧‧‧‧‧‧‧‧‧‧‧‧‧‧‧‧‧**200g**
地瓜‧‧‧‧‧‧‧ 2小條（400g）
酒‧‧‧‧‧‧‧‧‧‧‧‧‧‧‧‧‧‧‧‧‧‧‧2大匙
醬油‧‧‧‧‧‧‧‧‧‧‧‧‧‧‧‧‧‧‧‧‧1大匙
沙拉油‧‧‧‧‧‧‧‧‧‧‧‧‧‧‧‧‧‧‧1大匙

作法 （食譜提供：檢見崎）

1 地瓜帶皮切2公分厚的圓片，泡水10分鐘，再用廚房紙巾擦乾。

2 沙拉油倒入平底鍋中加熱，**開中火，加入地瓜煎炒**。地瓜都裹上油且有點焦黃後再加入絞肉稍微拌炒一下。

3 肉變色後加入200ml的水，加入酒，煮滾後轉中小火，撈掉浮沫、加入醬油、蓋上落蓋。不時要攪拌一下，**煮到地瓜軟了、收汁為止**。

停不下筷子

200g
（4人份）

胡椒的風味和啤酒也很對味

香煎牛絞肉馬鈴薯

調理時間 **20**分

1人份 **283** kcal

材料（4人份）

牛絞肉‧‧‧‧‧‧‧‧‧‧‧‧‧‧‧‧‧‧‧**200g**
馬鈴薯‧‧‧‧‧‧‧ 2大顆（350g）
A〔鹽1/2小匙，黑胡椒少許〕
沙拉油‧‧‧‧‧‧‧‧‧‧‧‧‧‧‧‧‧‧‧2大匙
黑胡椒‧‧‧‧‧‧‧‧‧‧‧‧‧‧‧‧‧‧‧適量

作法 （食譜提供：重信）

1 絞肉加入調理碗中，接著**加入用刨絲器刨的馬鈴薯絲**、**A**拌勻。

2 沙拉油倒入平底鍋中加熱，將**1**一次用1/8的量加入鍋中，壓成扁圓形，以中小火煎1～2分鐘。煎到焦黃後轉小火，繼續煎1～2分鐘。

3 上下翻面再煎3～4分鐘煎到熟。盛盤、撒上黑胡椒。

kakouniku
"肉類加工品"

可直接吃,也可當作調味料使用,
非常方便

加熱所需的時間短,也可當作鹽或是辛香料的調味。很容易就能補充到蛋白質,更能簡單地做到增量的效果。

〉營養與調理的祕訣〈

● 營養特徵
蛋白質的來源唾手可得。但因為含有鹽分,若是在意食鹽攝取量,調味時少加一點鹽。

● 調理祕訣
因可直接吃,所以加熱時要留意不要加熱過久。為保留其美味,調味越簡單越好。

〉保存方法〈

【香腸、火腿、培根的保存方法】
香腸畫刀或是切斜片。火腿、培根先一片一片用保鮮膜包起來,再放進冷凍用保鮮袋,壓出空氣後封口。(請參照P.11)

● 保存期間

冷藏	2～3天	冷凍	3週

有了香腸!就可以做了

- 3條 ▶ P.178
- 4條 ▶ P.180
- 5條 ▶ P.180
- 6條 ▶ P.180

有了火腿!就可以做了!

- 2片 ▶ P.179 / P.181 / P.183
- 3片 ▶ P.179
- 4片 ▶ P.179
- 5片 ▶ P.183
- 8片 ▶ P.183

有了培根就可以做了!

- 1片 ▶ P.182
- 2片 ▶ P.181 / P.182 / P.182 / P.184
- 4片 ▶ P.184
- 8片 ▶ P.181

有了午餐肉!就可以做了!

- 2/3罐 ▶ P.186

有了鹹牛肉就可以做了!

- 1罐 ▶ P.185 / P.185

- 1罐 ▶  P.186 / P.186

下飯 伍斯特醬的簡單味道和香腸非常適合配啤酒！

伍斯特醬炒香腸馬鈴薯

調理時間 **10**分

1人份 **243** kcal

（食譜提供：市瀨）

材料（2人份）

香腸·····················3條
馬鈴薯···········2顆（300g）
伍斯特醬·················1.5大匙
鹽、胡椒···············各少許
沙拉油·················½大匙

作法

1 **馬鈴薯切條狀、泡水5分鐘、瀝掉水分。**
香腸縱切4等份。

2 沙拉油倒入平底鍋中加熱，加入馬鈴薯拌
炒，炒熟後再加入香腸一起拌炒。加入伍
斯特醬拌勻，最後再以鹽、胡椒調味。

3 盛盤、若有海苔粉就可撒上。

B級美食

3條
（2人份）

鮮奶油讓鹹派
口感更溫潤

3片
（2人份）

中華料理的固
定菜色

2片
（2人份）

五彩繽紛

4片
（2人份）

下飯　不用派皮的簡單鹹派

火腿蔬菜鹹派

調理時間 **30** 分
1人份 **461** kcal

材料（2人份）

火腿………………**3片（60g）**
菠菜……………………120g
洋蔥……………………150g
胡蘿蔔……………………40g
蛋………………………2顆
鹽、胡椒……………各少許
A〔起司粉4小匙，鮮奶油
　　100ml，鹽1/4小匙，胡椒
　　少許〕
橄欖油……………………1大匙

作法　　　　（食譜提供：田口）

1 火腿切2公分寬。菠菜汆燙後泡冷水、
　瀝掉水分再切3～4公分段。
2 洋蔥切薄片。胡蘿蔔切2公分寬條狀。
3 橄欖油倒入平底鍋中加熱，加入**2**拌
　炒。接著加入2大匙水，**胡蘿蔔熟了後
　再加入1**。以鹽、胡椒調味，均勻地倒
　入耐熱皿中。
4 蛋打散在調理碗中，加入A拌勻。均勻
　地倒入**3**中，放入預先加熱到180℃的烤
　箱中烤20～25分鐘。

便宜　重點擰乾白菜的水分

醋炒火腿白菜

調理時間 **10** 分
1人份 **165** kcal

材料（2人份）

火腿……………………**2片**
白菜……………………400g
鹽………………………2小匙
紅辣椒……………………1根
A〔醋4大匙，砂糖2大匙〕
芝麻油……………………1大匙

作法　　　　（食譜提供：大庭）

1 分開白菜的菜芯和菜葉，葉子縱切2公
　分寬，芯切縱切1公分寬。放入調理碗
　中，撒上鹽、輕輕抓勻。**上面再壓一個
　裝了水的調理碗，靜置30分鐘，白菜軟
　了後擰乾水分。**
2 火腿切細絲，紅辣椒去籽、切末。
3 芝麻油、紅辣椒末加入平底鍋中加熱，
　接著再放入火腿快速拌炒一下。以**A**調
　味，依序加入菜芯、菜葉快速拌炒。

下飯　星形的秋葵真可愛，以及一點點的稠度

火腿秋葵炒飯

調理時間 **15** 分
1人份 **541** kcal

材料（2人份）

火腿……………………**4片**
秋葵………10根（100g）
蛋………………………1顆
蔥花…………………1/2根
鹽………………………少許
酒………………………1大匙
A〔鹽1/2小匙，胡椒少許〕
醬油……………………1小匙
沙拉油……………………1大匙
白飯……………………400g

作法　　　　（食譜提供：今泉）

1 火腿切1公分塊狀。秋葵撒點鹽、洗淨
　再切0.3～0.5公分寬的碎末。酒淋在白
　飯上。
2 沙拉油倒入平底鍋中開中大火加熱，倒
　入蛋液，接著馬上加入白飯、轉中火拌
　炒，炒到飯粒粒粒分明。
3 **依序加入秋葵、蔥花、火腿拌炒，炒到
　蔥花香味出來後再加入A拌炒。**淋上醬
　油拌炒出醬油香。

> 肉類加工品

超省錢

4條
（2人份）

(便宜) 用豆芽菜做出人氣義大利麵的味道

豆芽菜拿波里

調理時間 **10**分

1人份 **251** kcal

材料（2人份）

香腸·······················**4條**
豆芽菜··········· 1袋（200g）
洋蔥····························1/4顆
青椒····························2顆
蒜頭····························1瓣
A〔伍斯特醬1.5大匙，番茄
　 醬4大匙〕
沙拉油·······················1/2大匙

作法　　　　　　　（食譜提供：Danno）

1 青椒去蒂及籽切細絲，洋蔥、蒜頭切薄
片，香腸斜切對半。

2 沙拉油、香腸、蒜片加入平底鍋中拌
炒，待蒜片香味出來後再加入洋蔥拌
炒。

3 洋蔥呈透明狀後，再加入豆芽菜、青椒
拌炒，**加入A開大火快速拌炒。**

也可以帶便當

6條
（4人份）

(快速) 隱藏的醋味加上散發出濃厚香料的副菜

咖哩醋炒香腸蓮藕

調理時間 **5**分

1人份 **178** kcal

材料（4人份）

香腸··············· **6條（120g）**
蓮藕····························300g
A〔咖哩粉2小匙，白葡萄
　 酒醋1大匙，鹽1/3小匙，
　 胡椒、醬油各少許〕
橄欖油·······················1大匙

作法　　　　　　　（食譜提供：牛尾）

1 香腸斜切1公分寬，蓮藕去皮、切薄半
月形。

2 橄欖油倒入平底鍋中開大火加熱，**加入
1拌炒3分鐘**，最後再以**A**調味。

酥脆！

5條
（4人份）

(下飯) 要炸得漂亮就先撒上天婦羅粉

酥炸香腸、豆芽菜、青椒

調理時間 **12**分

1人份 **448** kcal

材料（4人份）

香腸··············· 1袋（5條）
豆芽菜··········· 2袋（400g）
青椒····························2個
天婦羅粉·······················2大匙
A〔天婦羅粉、冷水各1/2
　 杯〕
油炸用油·······················適量
鹽·······························適量

作法　　　　　　　（食譜提供：重信）

1 豆芽菜盡可能掐掉鬚根，青椒縱切對
半後再切0.5公分寬。香腸斜切4～5等
份。**將所有食材都放入調理碗中，撒上
天婦羅粉。**

2 將A拌勻，加入**1**，大致拌勻一下。

3 油炸用油加熱到180℃，用炒菜鏟將**2**整
平再放入油鍋中，靜靜地炸1分鐘。形
狀固定後再上下翻面繼續炸1～2分鐘。
盛盤、旁邊放一小碟鹽。

芝麻油讓這道小菜
更加濃醇香

便宜　食材便宜&不花時間的小菜

蠔油蒸火腿豆芽菜

調理時間 5分
1人份 93 kcal

材料（2人份）

里肌火腿⋯⋯⋯⋯⋯⋯2片
豆芽菜⋯⋯⋯ 1/2袋（100g）
韭菜⋯⋯⋯⋯⋯⋯⋯⋯5根
A〔蠔油1大匙，芝麻油、酒
　各2小匙，醬油1小匙〕

作法　（食譜提供：牛尾）

1 豆芽菜盡可能掐掉鬚根。韭菜切3公分
　段，火腿切細絲。

2 將1、A加入耐熱皿中拌勻，鬆鬆地蓋
　上保鮮膜微波（600W）3分鐘。

2片
（2人份）

容易入口的
大小

清爽　一捲一捲的捲起來煮湯

培根白菜捲

調理時間 30分
1人份 189 kcal

材料（4人份）

培根⋯⋯⋯⋯⋯⋯⋯⋯8片
白菜（外葉）⋯⋯⋯⋯8片
A〔酒2大匙，雞湯塊1塊〕
鹽、胡椒⋯⋯⋯⋯⋯各少許
沙拉油⋯⋯⋯⋯⋯⋯1大匙

作法　（食譜提供：今泉）

1 白菜先用熱水汆燙，稍微涼了之後再縱
　切對半。每2片重疊在一起，上面放1片
　培根，往前捲起來，再用牙籤固定在收
　口的地方。

2 沙拉油倒入平底鍋中加熱，加入1煎。

3 將2放入鍋中，加入沒過食材的水（約
　400ml）、A煮。煮滾後蓋上蓋子轉小
　火煮15～20分鐘，嚐一下味道再以鹽、
　胡椒調味，拿掉牙籤、盛盤。

8片
（4人份）

想再多加一道
菜的時候

清爽　培根的鮮味能讓你吃下一顆萵苣！

培根萵苣湯

調理時間 5分
1人份 55 kcal

材料（4人份）

培根⋯⋯⋯⋯⋯⋯⋯⋯2片
萵苣⋯⋯⋯⋯⋯⋯⋯⋯1顆
高湯⋯⋯⋯⋯⋯⋯⋯200ml
醬油⋯⋯⋯⋯⋯⋯⋯1小匙
柚子胡椒⋯⋯⋯⋯⋯1/2小匙
鹽⋯⋯⋯⋯⋯⋯⋯⋯1/3小匙

作法　（食譜提供：藤井）

1 萵苣切3公分，培根切1公分寬。

2 培根、高湯、醬油、柚子胡椒、鹽加入
　平底鍋中煮，煮滾後再加入萵苣稍微煮
　一下。

2片
（4人份）

天然的滋味

1片
（4人份）

（食譜提供：上島）

健康　加了培根的蔬菜湯增添濃郁口感

培根蔬菜湯

調理時間 **10**分

1人份 **41** kcal

材料（4人份）

培根⋯⋯⋯⋯⋯⋯⋯⋯⋯1片
番茄⋯⋯⋯⋯⋯⋯⋯⋯⋯2顆
芹菜⋯⋯⋯⋯⋯⋯⋯⋯1/2根
鹽⋯⋯⋯⋯⋯⋯⋯⋯⋯1大匙
胡椒⋯⋯⋯⋯⋯⋯⋯⋯少許

作法

1 番茄切3公分塊狀。分開芹菜的莖和葉，莖切斜薄片，葉子切絲。培根切0.5公分寬。

2 水600ml倒入鍋中、開火，**沸騰後加入鹽1/2小匙、芹菜莖、培根煮**。芹菜軟了後再加入番茄，最後再以1/2小匙鹽、胡椒調味。盛盤、撒上芹菜葉。

一吃就愛上
的滋味

2片
（2人份）

下飯　用鹽昆布調味，增添高湯風味

培根蓮藕鹽昆布的和風炒飯

調理時間 **15**分

1人份 **563** kcal

材料（2人份）

培根⋯⋯⋯⋯⋯⋯⋯⋯⋯2片
蓮藕⋯⋯⋯⋯⋯⋯⋯⋯100g
蛋⋯⋯⋯⋯⋯⋯⋯⋯⋯2顆
熱呼呼的白飯⋯⋯⋯⋯400g
鹽昆布⋯⋯⋯⋯⋯⋯⋯10g
鹽、胡椒⋯⋯⋯⋯⋯各少許
醬油⋯⋯⋯⋯⋯⋯⋯⋯1小匙
沙拉油⋯⋯⋯⋯⋯⋯⋯1大匙

作法

（牛尾）

1 蓮藕切薄銀杏葉狀，泡水5分鐘、瀝乾水分。培根切2公分寬。

2 沙拉油倒入平底鍋中開中火加熱，加入**1**拌炒。**炒熟後再加入蛋液、白飯一起拌炒**。

3 加入鹽昆布，嚐一下味道再撒上適量的鹽、胡椒、醬油調味。

超彈牙

2片
（4人份）

便宜　一定要品嚐當季現採的玉米

培根炒玉米

調理時間 **15**分

1人份 **80** kcal

材料（4人份）

培根⋯⋯⋯⋯⋯⋯⋯⋯⋯2片
玉米⋯⋯⋯⋯⋯⋯⋯⋯⋯1根
洋蔥⋯⋯⋯⋯⋯⋯⋯⋯1/2顆
鹽⋯⋯⋯⋯⋯⋯⋯⋯1/4小匙
胡椒⋯⋯⋯⋯⋯⋯⋯⋯少許

作法

（食譜提供：夏梅）

1 **剝去玉米外葉後用保鮮膜起來，微波（600W）5分鐘**，接著再用菜刀把玉米粒切下來。洋蔥切薄片。培根切細絲。

2 培根加入平底鍋中拌炒1分鐘，炒到出油後再加入洋蔥、玉米粒，轉中小火拌炒。洋蔥炒軟後再以鹽、胡椒調味。

炒過的白蘿蔔更美味！

5片
（4人份）

容易做，再多都吃得下

鹽炒火腿白蘿蔔

調理時間 **5**分

1人份 **56** kcal

材料（4人份）

里肌火腿·················**5片**

白蘿蔔········· 1/3根（400g）

沙拉油·····················1/2大匙

鹽·····················1/2小匙

黑胡椒·····················少許

作法

（食譜提供：市瀨）

1 白蘿蔔切5公分長的細絲，火腿切0.7公分寬。

2 沙拉油倒入平底鍋中加熱，**加入白蘿蔔拌炒。炒熟後再加入火腿、鹽快速拌炒一下。**

3 盛盤、撒上黑胡椒。

像在吃沙拉

2片
（4人份）

再忙也能很快完成

芝麻醋拌火腿綠花椰菜

調理時間 **5**分

1人份 **77** kcal

材料（4人份）

火腿·····················**2片**

綠花椰菜·····················200g

白芝麻·····················2大匙

醋、醬油·················各2小匙

砂糖·····················1小匙

作法

（食譜提供：岩崎）

1 綠花椰菜分小朵、汆燙，火腿切細絲。

2 **芝麻、醋、醬油、砂糖拌勻**後再加入**1**拌勻。

不用開火的一道美味料理

8片
（4人份）

香味四溢的香草成就一道輕奢華料理

生火腿芝麻葉沙拉

調理時間 **10**分

1人份 **88** kcal

材料（4人份）

生火腿············ **8片**（50g）

芝麻葉·····················100g

嫩菜葉·····················50g

胡蘿蔔······ 1/3小條（30g）

芹菜·····················30g

A〔橄欖油1.5大匙，現榨檸檬汁2大匙，黃芥末粒、砂糖各1/2小匙，鹽1/3小匙，胡椒少許〕

作法

（食譜提供：上島）

1 芝麻葉切3～4公分，嫩菜葉一起洗淨，**放入夾鏈保鮮袋中冷藏30分鐘以上、瀝乾水分。**胡蘿蔔切絲，芹菜切薄片。

2 將**A**拌勻後再加入芹菜拌勻。

3 芝麻葉和嫩菜葉一起盛盤，淋上**2**、上面再放生火腿即完成。

用帶皮的馬鈴薯

2片
（4人份）

下飯 ｜ 煎得酥酥脆脆的鐵板料理

鐵板馬鈴薯

調理時間 **10** 分

1人份 **166** kcal

（食譜提供：藤井）

材料（4人份）

培根	**2**片
馬鈴薯	3顆
洋蔥	1/2顆
蒜頭	1瓣
鹽	1/2小匙
胡椒	少許
黑胡椒	少許
奶油	10g
沙拉油	適量

作法

1 馬鈴薯帶皮切1公分厚、泡水。

2 洋蔥切薄片，蒜頭切末，培根切1公分寬。

3 沙拉油倒入平底鍋0.5公分深，加入瀝乾水分的**1**，煎到金黃後取出備用。

4 平底鍋中留下約1/2大匙的油，加入**2**拌炒。

5 炒到稍微變色後再加入奶油、**3**一起拌炒，撒上鹽、胡椒。盛盤，撒上黑胡椒。

當早餐也 GOOD

4片
（4人份）

下飯 ｜ 吸滿培根鮮味的鬆軟馬鈴薯

巧達培根馬鈴薯

調理時間 **25** 分

1人份 **212** kcal

（食譜提供：大庭）

材料（4人份）

培根	**4**片
馬鈴薯	2大顆
洋蔥	1小顆
鹽	1小匙
胡椒	少許
牛奶	300ml
荷蘭芹末	1大匙
沙拉油	1大匙

作法

1 馬鈴薯切1公分塊狀，泡水10分鐘、瀝掉水分。洋蔥切1公分塊狀，培根切1公分寬。

2 沙拉油倒入鍋中加熱，加入培根拌炒，接著再**加入馬鈴薯、洋蔥稍微炒一下，倒入400ml的水**。煮滾後加入鹽、胡椒，蓋上蓋子、轉小火煮10分鐘，煮到馬鈴薯軟。

3 加入牛奶加熱，撒上荷蘭芹末，盛盤。

烤鹹牛肉蕃薯

下飯 鹹牛肉的鹹頂出蕃薯的甜

> 調理時間 **15**分
> 1人份 **391** kcal
> （食譜提供：牛尾）

材料（2人份）

鹹牛肉	**1小罐（100g）**
蕃薯	1條（300g）
鹽	1小撮
胡椒	少許
比薩用起司	30g
奶油	10g

作法

1 番薯切1.5公分塊狀、過一下水、放入耐熱皿中、蓋上保鮮膜，微波（600W）3分鐘。

2 奶油加入平底鍋中融化，加入1拌炒。**炒熟後加入剝散的鹹牛肉一起拌炒，撒上鹽、胡椒。**

3 放入耐熱皿中、撒上起司粉，放進烤箱烤5分鐘即可取出。

鮮甜滋味

1罐
（2人份）

鹹牛肉可樂餅

下飯 鹹牛肉讓這道料理更美味

> 調理時間 **15**分
> 1人份 **402** kcal
> （食譜提供：夏梅）

材料（2人份）

鹹牛肉	**1小罐（100g）**
馬鈴薯	2小顆
洋蔥末	1/4顆
鹽	1/3小匙
胡椒	少許
低筋麵粉、蛋液、麵包粉	各適量
油炸用油	適量
高麗菜絲	2葉
西洋菜	少許

作法

1 馬鈴薯帶皮洗淨後直接用保鮮膜包起來，微波（500W）3分鐘，上下翻面繼續微波3分鐘。熟了後趁熱搗碎、同時去皮。

2 **鹹牛肉加入已加熱的平底鍋中剝散，加入洋蔥拌炒2～3分鐘。**撒上鹽、胡椒，加入1拌勻。

3 分4～6等份、整成圓形，依序沾低筋麵粉、蛋液、麵包粉，用180℃的油溫炸到金黃。盛盤、旁邊放高麗菜絲、西洋菜。

跟餐廳的一樣好吃！

1罐
（2人份）

牛奶、鮮奶油、低筋
麵粉全都不要

1罐
（4人份）

2/3小罐
（2人份）

下飯無極限

健康 豆腐＋起司粉的健康佐醬

焗烤奶油豆腐

調理時間 **15**分

1人份 **146**kcal

材料（4人份）

午餐肉⋯⋯⋯1罐（約200g）
嫩豆腐⋯⋯⋯⋯⋯⋯⋯2塊
綠花椰菜⋯⋯⋯⋯⋯⋯300g
鴻禧菇⋯⋯⋯⋯⋯⋯⋯2盒
起司粉⋯⋯⋯⋯⋯⋯⋯4大匙
鹽⋯⋯⋯⋯⋯⋯⋯⋯2/3小匙
胡椒⋯⋯⋯⋯⋯⋯⋯⋯少許

作法 （食譜提供：牛尾）

1 用廚房紙巾將豆腐包起來，靜置10分鐘以吸乾水分。

2 綠花椰菜分小房，放入耐熱皿中、蓋上保鮮膜、微波（600W）2分鐘。

3 午餐肉切容易入口大小。鴻禧菇剝散。

4 **將1、起司粉、鹽、胡椒放入調理碗中，用攪拌器拌勻。**

5 用廚房紙巾擦掉2的水分，放入耐熱皿中，上面再放入3和4。放進烤箱以180℃烤7～10分鐘即可取出。

下飯 有了午餐肉的鹹味與美味，不需要再另外調味

酥炸茄子夾午餐肉

調理時間 **15**分

1人份 **356**kcal

材料（2人份）

午餐肉（0.5公分厚的2.5x5
　公分）⋯⋯⋯⋯8塊（2/3小
　罐・120g）
茄子⋯⋯⋯⋯4個（約400g）
青紫蘇⋯⋯⋯⋯⋯⋯⋯⋯4片
A〔低筋麵粉、水各4大
　匙〕
麵包粉、油炸用油⋯各適量
沙拉生菜⋯⋯⋯⋯⋯⋯適量

作法 （食譜提供：小林）

1 茄子連蒂頭用削皮器刨出斑馬線條，縱切對半後再畫深一點的刀痕。青紫蘇縱切對半。

2 **將1片青紫蘇、1塊午餐肉夾入茄子中，依序沾A的低筋麵粉水、麵包粉。**

3 油炸用油倒入平底鍋中約2公分身、加熱到180℃高溫，放入2炸到金黃。盛盤、旁邊放沙拉生菜，也可依個人喜好蘸醬。

加了青紫蘇
更清爽

1小罐
（2人份）

快速 煎到金黃的午餐肉

起司蒸午餐肉高麗菜

調理時間 **10**分

1人份 **429**kcal

材料（2人份）

午餐肉⋯⋯⋯1小罐（180g）
高麗菜⋯⋯⋯⋯⋯⋯⋯2～3葉
比薩用起司⋯⋯⋯⋯⋯1/2杯
青紫蘇⋯⋯⋯⋯⋯⋯⋯3～4葉
沙拉油⋯⋯⋯⋯⋯⋯⋯少許

作法 （食譜提供：Danno）

1 午餐肉切1公分寬條狀，高麗菜撕小片。

2 **沙拉油倒入平底鍋中加熱，加入午餐肉煎到焦黃。** 加入高麗菜快速拌炒一下撒上起司、蓋上蓋子、燜煎1～2分鐘。

3 起司融化後再撒上撕小片的青紫蘇即完成。

【肉類】

● 雞肉

189

台灣廣廈 國際出版集團
Taiwan Mansion International Group

國家圖書館出版品預行編目（CIP）資料

日本媽媽的超省錢肉料理：專家教你從挑肉、備料到烹煮，把3種
常見肉品，變身306道主菜，快速、下飯、清爽、便宜、健康！/
主婦の友社著. -- 初版. -- 新北市：台灣廣廈, 2024.02
　　面；　公分.
ISBN 978-986-130-610-0（平裝）
1.CST: 肉類食譜 2.CST: 烹飪

427.2　　　　　　　　　　　　　　　　　112021798

日本媽媽的超省錢肉料理
專家教你從挑肉、備料到烹煮，把**3**種常見肉品，變身**306**道主菜，快速、下飯、清爽、便宜、健康！

作　　　者／主婦の友社

編輯中心編輯長／張秀環
封面設計／何偉凱・內頁排版／菩薩蠻數位文化有限公司
製版・印刷・裝訂／東豪・弼聖・秉成

36位人氣料理家

相田幸二、あまこようこ、井澤由美子、石澤清美、市瀬悦子、伊藤朗子、今泉久美、岩崎啓子、上島亜紀、
上田淳子、牛尾理恵、大庭英子、小川聖子、栗山真由美、検見崎聡美、小林まさみ、阪口珠未、重信初江、
瀬尾幸子、田口成子、舘野鏡子、ダンノマリコ、外処佳絵、夏梅美智子、樋口秀子、藤井、藤野嘉子、
ほりえさわこ、Mako、みなくちなほこ、ほりえさわこ、武蔵裕子、森 洋子、吉田瑞子、脇 雅世、渡辺麻紀

行企研發中心總監／陳冠蒨　　　線上學習中心總監／陳冠蒨
媒體公關組／陳柔彣　　　　　　產品企製組／顏佑婷、江季珊、張哲剛
綜合業務組／何欣穎

發　行　人／江媛珍
法律顧問／第一國際法律事務所 余淑杏律師・北辰著作權事務所 蕭雄淋律師
出　　　版／台灣廣廈
發　　　行／台灣廣廈有聲圖書有限公司
　　　　　　地址：新北市235中和區中山路二段359巷7號2樓
　　　　　　電話：（886）2-2225-5777・傳真：（886）2-2225-8052

代理印務・全球總經銷／知遠文化事業有限公司
　　　　　　地址：新北市222深坑區北深路三段155巷25號5樓
　　　　　　電話：（886）2-2664-8800・傳真：（886）2-2664-8801
郵政劃撥／劃撥帳號：18836722
　　　　　　劃撥戶名：知遠文化事業有限公司（※單次購書金額未達1000元，請另付70元郵資。）

■出版日期：2024年02月　　　ISBN：978-986-130-610-0

節約できる！おいしさまみれの肉のベストおかず306
© Shufunotomo Co. Ltd. 2022
Originally published in Japan by Shufunotomo Co., Ltd
Translation rights arranged with Shufunotomo Co., Ltd.